牧草种植与加工利用技术

何虹稣　孙志华　张凡凡◎著

中国原子能出版社

图书在版编目（CIP）数据

牧草种植与加工利用技术 / 何虹稣，孙志华，张凡凡著． -- 北京：中国原子能出版社，2022.11
ISBN 978-7-5221-2541-1

Ⅰ．①牧… Ⅱ．①何… ②孙… ③张… Ⅲ．①牧草－栽培技术②牧草－加工利用 Ⅳ．① S54

中国版本图书馆 CIP 数据核字（2022）第 235589 号

牧草种植与加工利用技术

出版发行	中国原子能出版社（北京市海淀区阜成路 43 号　100048）
责任编辑	杨晓宇
责任印制	赵　明
印　　刷	北京天恒嘉业印刷有限公司
经　　销	全国新华书店
开　　本	787 mm×1092 mm　　1/16
印　　张	12.75
字　　数	221 千字
版　　次	2022 年 11 月第 1 版　　　2022 年 11 月第 1 次印刷
书　　号	ISBN 978-7-5221-2541-1　　　定　价 72.00 元

作者简介

何虹稣，女，农学博士，石河子大学讲师。主要研究方向为天然草地评价及利用、人工草地高产栽培研究。主讲草地学、畜禽生态学、动物行为学，承担草地学教学实习、动物科学专业实践锻炼。主持国家自然科学基金 1 项，校级项目 2 项。参与国家、省部级项目 5 项。

孙志华，男，1989 年 5 月出生，副教授，博士，硕士生导师，现于石河子大学动物科技学院从事兽医药理学和人兽共患病方面的教学与科研工作，研究方向主要是重要人兽共患病致病机理和兽药创制研究，主持和参与省部级科研项目 10 余项，发表论文 20 余篇，其中 SCI 收录 10 余篇，获兵团自然科学二等奖 1 项、自治区教学成果二等奖 1 项、石河子大学教学成果特等奖 1 项。

张凡凡，农学博士，国家牧草产业技术体系石河子综合试验站技术骨干，自治区优质饲草产业体系专家，石河子大学动物科技学院 3152 优秀中青年骨干教师。主要研究方向为饲草加工生产、天然草地评价及利用、人工草地高产栽培。主持国家自然科学基金 1 项，自治区和校级项目 4 项，企业横向课题 1 项。参与国家、省部级项目 5 项，获兵团科技进步二等奖 1 项（排名第四），国内外发表学术论文 50 余篇，主编教材 1 部，参著书籍 2 部，获批专利 6 项。

前　言

　　牧草是一类营养价值高、畜禽适口性好的饲料作物。我国是世界第二草地大国，拥有天然草地 3.9 亿公顷，占国土总面积的 41.4%。随着农业种植结构的调整，退耕还林、还草力度的加大，草产业作为一项产业已经受到越来越多有识之士的关注，已成为振兴农村经济的一个支柱产业。

　　十六届五中全会提出了新农村建设的重大战略任务。在新农村建设的进程中，要大力发展乡村文化，将一批批有文化、有技术、有经营能力的新型农民培养出来，这是建设社会主义新农村的一个重要标志，是把社会主义新农村建设不断推向前进的基本保证。

　　随着我国越来越重视草畜一体化发展，国内对优质牧草的需求持续增加。同时，我国畜牧业生产结构继续调整，节粮型草食畜牧业区域化进一步发展，牧草产业将继续向区域化、规模化推进。各大草业公司也发现其中蕴藏的巨大商机，积极投资发展牧草产业。一时间商品草企业像雨后春笋到处萌生。

　　本书共六章，第一章为牧草的种植概述，分别介绍了牧草的定义和种类划分、牧草种植的意义和作用、牧草种植现状和发展趋势；第二章为牧草种植的基本知识，分别介绍了牧草的基本生物学知识、牧草种植的农艺学常识、牧草种植草种的选择、饲草种植的基本模式、牧草生长发育与环境的关系、牧草生长发育与肥料的关系；第三章为牧草的种植与管理，分别介绍了土壤准备、牧草种子的检验和处理、牧草种子的播种、牧草的田间管理、牧草的病虫害防治、牧草的适时刈割；第四章为主要牧草的种植技术，分别介绍了豆科牧草种植技术、禾本科牧草种植技术、其他牧草种植技术；第五章为牧草的加工与贮藏技术，分别介绍了干草调制与贮藏、青贮饲料的调制、草产品的加工；第六章为牧草的科学利用，分别介绍了牧草在畜禽养殖中的应用、苜蓿的应用、黑麦草的应用、其他牧草的科学利用。

在撰写本书的过程中，作者得到了许多专家学者的帮助和指导，参考了大量的学术文献，在此表示真诚的感谢。本书内容系统全面，论述条理清晰、深入浅出，但由于作者水平有限，书中难免会有疏漏之处，希望广大同行批评指正。

在此，谨以此书献给所有有志于从事牧草产业相关技术研究的朋友们！

本书由南疆重点产业创新发展支撑计划项目（2022DB017）和绵羊瘤胃消化对异果芥和角果藜多型性种子萌发行为的影响（CXPY202110）资助，特此感谢！

作者

目 录

第一章 牧草种植概述···1

  第一节 牧草的定义和种类划分 ···1

  第二节 牧草种植的意义和作用 ···3

  第三节 牧草种植现状和发展趋势 ·····································6

第二章 牧草种植的基本知识···28

  第一节 牧草的基本生物学知识 ·······································28

  第二节 牧草种植的农艺学常识 ·······································35

  第三节 牧草种植草种的选择 ···42

  第四节 饲草种植的基本模式 ···45

  第五节 牧草生长发育与环境的关系 ·······························54

  第六节 牧草生长发育与肥料的关系 ·······························58

第三章 牧草的种植与管理···62

  第一节 土壤准备 ··62

  第二节 牧草种子的检验和处理 ·······································68

  第三节 牧草种子的播种 ···74

  第四节 牧草的田间管理 ···91

  第五节 牧草的病虫害防治 ···94

  第六节 牧草的适时刈割 ···104

第四章　主要牧草的种植技术 ⋯⋯⋯⋯⋯⋯⋯⋯⋯⋯⋯⋯⋯⋯⋯⋯ 107

　第一节　豆科牧草种植技术 ⋯⋯⋯⋯⋯⋯⋯⋯⋯⋯⋯⋯⋯⋯⋯ 107

　第二节　禾本科牧草种植技术 ⋯⋯⋯⋯⋯⋯⋯⋯⋯⋯⋯⋯⋯⋯ 133

　第三节　其他牧草种植技术 ⋯⋯⋯⋯⋯⋯⋯⋯⋯⋯⋯⋯⋯⋯⋯ 151

第五章　牧草的加工与贮藏技术 ⋯⋯⋯⋯⋯⋯⋯⋯⋯⋯⋯⋯⋯⋯⋯ 166

　第一节　干草调制与贮藏 ⋯⋯⋯⋯⋯⋯⋯⋯⋯⋯⋯⋯⋯⋯⋯⋯ 166

　第二节　青贮饲料的调制 ⋯⋯⋯⋯⋯⋯⋯⋯⋯⋯⋯⋯⋯⋯⋯⋯ 172

　第三节　草产品的加工 ⋯⋯⋯⋯⋯⋯⋯⋯⋯⋯⋯⋯⋯⋯⋯⋯⋯ 178

第六章　牧草的科学利用 ⋯⋯⋯⋯⋯⋯⋯⋯⋯⋯⋯⋯⋯⋯⋯⋯⋯⋯ 181

　第一节　牧草在畜禽养殖中的应用 ⋯⋯⋯⋯⋯⋯⋯⋯⋯⋯⋯⋯ 181

　第二节　苜蓿的应用 ⋯⋯⋯⋯⋯⋯⋯⋯⋯⋯⋯⋯⋯⋯⋯⋯⋯⋯ 187

　第三节　黑麦草的应用 ⋯⋯⋯⋯⋯⋯⋯⋯⋯⋯⋯⋯⋯⋯⋯⋯⋯ 191

　第四节　其他牧草的科学利用 ⋯⋯⋯⋯⋯⋯⋯⋯⋯⋯⋯⋯⋯⋯ 192

参 考 文 献 ⋯⋯⋯⋯⋯⋯⋯⋯⋯⋯⋯⋯⋯⋯⋯⋯⋯⋯⋯⋯⋯⋯⋯ 194

第一章 牧草种植概述

第一节 牧草的定义和种类划分

一、定义

草地畜牧业生产和发展需要喂食草食牲畜，其中重要的饲料来源就是牧草。各种栽培的和野生的、可供牲畜采食的、一年生或多年生草类就是狭义上的牧草；而广义的牧草涵盖了狭义意义的牧草及牲畜可以食用的小半灌木和灌木。

二、种类划分

（一）按生长条件分类

（1）栽培牧草是指所有被人们引种、驯化、培育下，经过长期种植利用而形成的牧草。

（2）野生牧草是指生长在草山草坡、田间地头、林间隙地等地区的草类、灌木、小半灌木，并且可供家畜、家禽食用的牧草。

栽培牧草与野生牧草相比，具有产量高、营养丰富；分蘖、再生能力强，可多次刈割；草质好，适口性强；品种多样等特点。

（二）按牧草的形态特征分类

（1）禾本科牧草。禾本科牧草是单子叶植物，在作青饲料利用时，干物质中含粗蛋白为4%～10%，高的可以达到12%以上。如苇状羊茅、鸭茅、黑麦草、苏丹草等。

（2）豆科牧草。豆科牧草是双子叶植物，其根部生有根瘤，可以固定空气中的氮元素，它的茎、叶中蛋白质含量都比较高。在作青饲料利用时，干物质中含粗蛋白在20%左右，有的种类高达25%以上，是牲畜和鱼类的优良饲料，可以代替一部分精饲料。

（3）其他牧草。菊科牧草（如苦荬菜、串叶松香草、菊苣等）、苋科（籽粒苋等）等涵盖在这一范围内。

（三）按发育速度和寿命的长短分类

（1）一年生牧草。整个发育过程在播种的第一年即可完成，在经历了开花结果后就会凋零。生长过程类似的有苏丹草、毛苕子、湖南稷子等。

（2）越年生牧草。开花结实只能在播种的第二年完成，完成之后便会死亡。生长过程类似的如白花草木樨、黄花草木樨等。

（3）多年生牧草有两年以上的寿命是大多数的情况。按照寿命的长短来分类，可以分为短寿命牧草、中寿命牧草和长寿命牧草。短寿命牧草如披碱草、多年生黑麦草、红三叶等，其寿命平均大概有3～4年，第一年和第二年的产草量最高；中寿命牧草如猫尾草、苇状羊茅、鸭茅、看麦娘、沙打旺、白三叶、百脉根等，其寿命平均有5～6年，在禾本科牧草和豆科牧草中，绝大部分都属于这一类，其中第二年和第三年的产草量是最高的，从第四年开始出现产量下降；长寿命牧草如无芒雀麦、草地早熟禾、羊草、冰草、苜蓿等，其寿命平均为10年左右，但利用时间一般只有6～8年，在第3～5年其产草量将达到最高。

（四）按叶的分布和植株的高矮分类

（1）上繁草的植株高度可达50～170厘米甚至更高，植株较为高大，生殖枝或长营养枝是占株丛比例的大多数，茎上的叶片呈均匀分布。刈割型人工草地的建设常常会用到这类牧草，总产量的5%～10%是其割草后留茬的产量。上繁草的牧草包括羊草、赖草、披碱草、无芒雀麦、鸭茅、象草、猫尾草、苜蓿、草木樨、红豆草等。

（2）下繁草的植株高度小于等于50厘米，其植株较为矮小，短营养枝占株丛比重的大多数，株丛基部集聚了大量叶片，总产量的20%～60%将会成为刈割后的留茬数，放牧时多选择这类牧草。下繁草包括草地早熟禾、小糠草、羊茅、针茅、冰草、白三叶、扁蓿豆等。

（3）在半上繁草中，长营养枝与短营养枝约占植株总量的各百分之五十，植株高度处于上繁草与下繁草两种类型的中间，可达50～70厘米。在刈割或放牧后，会产生再生草。这种再生草呈现稠密而多叶的特点，刈割或放牧都可以使用。半上繁草包括多年生黑麦草、草地羊茅、新麦草、偃麦草、杂三叶、红三叶、黄花苜蓿等。

（4）莲座丛草有着叶簇状的根出叶，通常情况下茎生叶是没有的或茎生叶很小。其植株高度较为矮小，多生长在因长期放牧而遭到破坏的草地上，通常情况下没有较高的饲用价值。莲座丛草包括蒲公英、车前、凤毛菊等。

（五）按牧草原产地及习性的不同分类

（1）热带牧草的原产地为热带或南亚热带，30～35 ℃是其最适宜的生长温度，处于15 ℃以下的温度时，其生长发育的速度就会变慢，其地上部分在温度降至0 ℃时，会受到冻害导致枯萎。热带牧草包括圭亚那柱花草、大翼豆、象草、宽叶雀稗、狗牙根、俯仰臂形草等。

（2）温带的牧草多产于温带的牧草草原，20～25 ℃是其最适宜的生长温度，这类牧草喜欢生长在较为冷凉的气候条件下。5 ℃左右是其生长的起点温度，对霜冻有着较强的抵抗能力，但其耐热性不强，当气温超过35 ℃时，其生长就会受到抑制。包括紫花苜蓿、苇状羊茅、鸭茅、白三叶等。

第二节　牧草种植的意义和作用

在加入WTO之后，我国的农业产业结构在之后的几年进行了不断的调整，"退耕还林还草"政策在全国范围内持续地推进实施，农村的养殖业乘势发展起来，紧随其后发展起来的就是饲用牧草的种植、开发、利用。然而当前的牧草种植尚处于发展不完善的阶段，个体的农户、养殖户是种植牧草的主要群体，目前的产量只能满足自用，大规模的集约化、产业化生产还远远没有形成。我国畜牧业的发展有着大量的牧草需求，当前的牧草生产规模远远满足不了畜牧业发展的需求。牧草业的发展方兴未艾，其市场潜力和发展前景都是不可估量的。我们可以生态农业为发展方向，将经济效益和生态效益相结合，不仅可以满足我国大农业的发展需求，而且还可促进我国农业向着生态农业的发展道路转型。

一、牧草是草食家畜的主要饲料

对家畜的饲养来说，饲料种类是多种多样的，但草食畜禽的主要饲料来源依旧是牧草。如果是在广大的牧区，家畜的唯一饲料就是牧草；在农区和半农半牧区，有时会将农作物的秸秆以及一些农副产品作为禽畜的饲料，但主要饲料依旧是栽培的或野生的可食用牧草。当前社会环境下，国家开始着手对农业结构进行调整，畜牧业开始向着可持续发展的道路进行转型。在畜牧业甚至是整个农业体系中，草地畜牧业的地位正在不断提高。因此，对牧草的培养，会在饲料生产中发挥越来越重要的作用。

二、牧草是草食家畜的优质饲料

牧草要想成为优质的饲料就要考量其营养价值、自身品质、可消化率以及家畜能否适应该牧草。通常情况下，牧草与秸秆相比，其各种营养成分及消化率高出秸秆，甚至接近精料的水平，栽培牧草在这一点上表现得更为明显。在维生素含量与适口性上，牧草更是远远高于秸秆和精料，特别是那些青绿多汁、气味芬芳的鲜草。如果草食类家畜全年都能吃到优质的青草，其生产和繁育效率就能得到提高，同时还能够提高家畜的产品质量和产量，满足日益提高的城乡居民生活质量要求。

三、牧草是草食家畜的经济饲料

经过多方的实践证实，种植粮食作物的效益没有种植优质牧草高。一方面，牧草拥有较强的生长力且一年可多次刈割，而多年生牧草更是可以持续利用很多年。这样就使农民对农作物的管理工作变得轻松了，而且高产优质牧草的产量也要比农作物要高。另一方面，一般农作物的经济价值没有牧草高，种植牧草能够使农民的收入获得大幅提高。据调查：种一亩旱地作物，一般年景仅可收获粮食300千克，毛收入300元，扣除种子、化肥、农药等费用150元，每亩纯收入仅150元。种高产牧草每亩可产鲜草1.5万千克，按全舍方式可养羊10～15只，按出栏 6 只，每只 200 元计算，毛收入 1200 元，扣除肥料、种子、种草及栏圈拆旧、防疫等费用 300 元，每亩纯收入 900 元。两者比较，种草养羊收入是种粮收入的 6 倍，同时种草养羊周期短、见效快，年初种草养羊，年底就见效。

四、栽培牧草可以固土保水、防止水土流失

植树造林、围筑梯田、筑坝蓄水、行等高线种植等方法都能够防止水土流失。但是，种植牧草是产生效果最迅速、作用最显著、成本最低的办法。第一，牧草栽培比较简单，在 2～3 年内就能起作用；第二，植物的茎叶密集，可以遮蔽地面，根茎、根茎、匍匐茎等在土壤表面生长，能固结土壤颗粒，不受侵蚀；第三，草本植物土壤中，土壤有机质含量的增加，使土壤保持能力增强，降雨时土壤中的水分损失比土壤中的水分要小；第四，地表密生的茎叶，可以减缓水流速度，降低水流量，从而缓解水土流失。

五、栽培牧草可以改良土壤结构、提高土壤肥力

如果在草场上混播豆科、禾本科作物，在种植 2～3 年后，每公顷土壤的有机质含量就会大幅度增加，相当于将 20～30 吨的厩肥施用在地里。而且这些有机质在土壤里分布得很均匀，肥效还比厩肥要高。例如，在土地里将紫花苜蓿种上 3 年，每公顷大约有 9 吨的根系，在 0～30 厘米的耕作层中分布着约 47% 的根系，这样就大大提高了耕作层的有机质含量。土壤中有机质含量的增加不仅能够提高土壤的肥力，还能使土壤易形成团粒结构，这种结构是提高土壤肥力的重要因素。土壤中具备了团粒结构，就能使最适量的水分和养料提供给植物，以最大的效率发挥施肥、选种、灌溉、耕作等农业技术。土壤的理化性状可以通过种植优良牧草来改变，同时后茬作物也会受到种植优良牧草的影响。据报道，将紫花苜蓿种植在肥沃的土壤中，发现后茬作物有大约 30%～50% 的增产。而种植在贫瘠的土壤中，其效果则更为显著，后茬作物产量大约能提升 2～3 倍。农业可持续发展有赖于牧草对土壤和地力的改善这一生态功能。

第三节 牧草种植现状和发展趋势

为了实现现代畜牧业的发展，高质量的饲草料是关键。要想获得高质量的饲草，关键是培育优质的牧草。我国是世界上最古老的畜牧业国家，有着数千年的草原养殖传统和丰富的畜牧生产实践。改革开放后，全国迅速兴起了种草、养畜的热潮，把我国的畜牧业发展推向了一个崭新的阶段。畜牧养殖已成为广大农牧民脱贫致富的主要方式。世界上80%以上适宜于温带生长的优质牧草已被引进、驯化，并逐渐推广。随着社会经济的发展，人民的生活水平逐渐提高，对畜产品品质和数量的要求也在不断地增加，尤其是对肉食性的畜产品的需求量也在逐步增加。因此，必须确立大农业理念，在保证粮食等方面稳定发展的前提下，增加肉类、禽蛋、奶等畜产品产量，使社会的多元化需要得到满足。

一、国内牧草种植的现状

我国具有悠久的人工草地栽培历史。20世纪80年代依赖大规模防灾基地建设的开展，人工种植逐渐受到人们的关注，并得到了全方位的发展。除了面积增长较快之外，人工草坪种类也呈现出多样性的特点。随着自然草原生产力的持续下降，我国的人造草场建设对畜牧业持续发展具有重大的支持作用。

人工草地的第一性生产力明显高于自然草地，这主要是因为农民在水分、养分和其他农业生产管理手段上的进步。例如，人工草坪经灌溉后，其产量比自然草地增加了20～40倍。在我国北方，经过人工灌水的人工草原，其草场的产量、品质均有较大提高。在南方喀斯特地貌区，以禾本、蕨类为主要植物类型，但这些牧草的饲料价值低、草质差、可利用期短。而在这片土地上建植人造草原，则会有其他地方没有的水源。以云贵高原禾本科 - 豆科人工草原为例，其产草量比自然草原提高5～8倍，粗蛋白质含量增加了8～10倍。1只细毛羊需要0.13公顷的人造草坪，而每只绵羊的平均毛产量为5公斤。1只母牛需要1公顷左右的人造草场，每年会有3000～5000公斤的产奶量。1只肉牛需要0.66公顷的人造草坪，平均每只牛犊的出栏时间18个月。峪岩地区地处广西桂北，近几年在大量人工草地和半人工草地上种植了温带豆科和禾本科牧草，并形成了特有的亚热带山地温带常绿草甸，提高了当地的牧草产量和品质。在广东、四川建立了一套水稻－黑麦草栽培体系。广东、四川两省的水稻－黑麦草系统，其种植时间在十一月到次年三月的冬闲季节，在水田中可刈割 8～10 次鲜草，可达到 7.5 吨/公顷的产量。鲜草有 22%～26% 的粗蛋白含量，既是优良的草料，又是猪、禽、鱼的优良饲料，促进了传统鱼米之乡的农牧融合，增加了经济效益，是我国南方水稻区农业结构的一个重大突破。

我国人工草地的经济效益和生态效益在实践中得到了充分的发挥，但从整体着眼，发展速度还是不够，表现为面积不大、地区不广、种类单纯、产量不高。种草不仅在现代畜牧业中占有重要地位，而且在农业生产中也极具重要性。我国农区和半农半牧区因传统习惯的影响，一直对种草没有足够重视，这固然与人多地少和食用非食草畜禽的传统习惯有关，但也与对牧草在农田地力维持方面的作用了解不够有关。把草引进农田，实现草田轮作和发展食草家畜养殖，使农业走上健康的可持续发展道路。我国耕地面积约为 1.3 亿公顷，每年粮食种植面积约为 80%，经济作物约为 10%，绿肥不足 5%。如实行粮草轮作，将至少有 20%～25% 的面积种草，这将是一个巨大的畜牧业生产基地。

目前，我国呈现出土壤沙漠化的地区大概有 1.49 亿公顷，这其中大约有 0.5 亿公顷的土地出现了草原的退化现象。在黄土高原上，土地沙化的面积高达 0.53 亿公顷，还有 0.43 亿公顷的土地出现了水土流失。而且沙化的土地还在以每年 100 万公顷的速度扩张，年侵蚀土壤达 500 亿吨。因此，种草任务极其艰巨。

（一）东北羊草、苜蓿、沙打旺、胡枝子栽培区

东北羊草、苜蓿、沙打旺、胡枝子栽培区位于北纬 38°40'～53°24'、东经 115°15'～135°。包括黑龙江、吉林和辽宁三省全境及内蒙古的呼伦贝尔市和兴安盟所辖 18 个旗县，共辖 244 个旗县（市、区）。本区气候特点是冬季严寒多雪，极端温差达 80 ℃，≥ 10 ℃积温 2000～3700 ℃，无霜期 90～180 天，年降水量 251～700 毫米。土质多为黑钙土，普遍肥沃。由松嫩草原和呼伦贝尔草原为主体构成的东北大草原，面积约 1000 万公顷，是我国重要的畜牧业生产基地，孕育了著名的三河马、滨州牛、草原红牛、东北细毛羊和中国美利奴羊等。至 1986 年底，人工草地达 40 多万公顷，其中羊草近 13.3 万公顷，苜蓿超过 13.3 万公顷，沙打旺约 10 万公顷，胡枝子 1 万公顷。

可以种植的牧草还有无芒雀麦、扁蓿豆、山野豌豆、广布野豌豆、羽扇豆、碱茅、大豆、披碱草、老芒麦、红三叶等，苜蓿以选用耐寒性强的肇东苜公农 1 号苜蓿为宜。本区分如下六个亚区。

（1）大兴安岭羊草、苜蓿、沙打旺亚区

黑龙江省和内蒙古自治区最北部就是这一区域的分布位置，北至大兴安岭，南至兴安盟的宝泉县，西至满洲里，东至黑龙江省的逊克、嘉荫，这一地区的草地靠近中俄边界，属湿润草甸草原带。该地区气温较低，昼夜温差大，有着 80～120 天的无霜期，≥10 ℃的积温 1500～2450 ℃。这里一年的降水量大约 450～650 毫米。黑钙土、暗棕壤沼泽土、火山灰土和白浆土等在这片大地广泛分布。这里有着肥沃的土质、充沛的雨水，这些条件促进了牧草的快速生长。但是由于纬度较高，热量资源相对不足，一年的平均气温只有 0～2 ℃，一些耐寒冷、喜湿润的牧草，较为适宜在这里生长，比如羊草、无芒雀麦、扁蓿豆、山野豌豆、广布野豌豆。多年的试验证明，羊草、紫花苜蓿可在此亚区作为主要种植的草种，辅助草种可使用无芒雀麦。

（2）三江平原苜蓿、无芒雀麦、山野豌豆亚区

本区的草地类型多样，平原农业区、草原、林地及沼泽都有包含。一年的平均气温大约 0～3 ℃，21 ℃的积温为 2400～2500 ℃，有着 140～145 天的生长期，一年的总降水量可达 557 毫米。黑土、草甸土、白浆土及沼泽土在这片大地广泛分布，土质肥沃，作物以大豆和小麦为主。根据历史经验及多年试验，可以确定该地区适宜以苜蓿、无芒雀麦及山野豌豆作为主要的种植牧草种类。

（3）松嫩平原羊草、苜蓿、沙打旺亚区

该亚区的分布较为广泛，黑龙江省齐齐哈尔市、大庆市、绥化地区以及吉林省的白城地区和四平市的双辽市都涵盖在这一亚区之中，该亚区属于温带的大陆性气候。一年的平均气温大约是 4.2～4.6 ℃，≥10 ℃的积温为 2400～3050 ℃，有着 120～140 天的无霜期，在这里一年有着 370～550 毫米的总降水量，属半干旱气候区。黑土、黑钙土、草甸土、风沙土及盐碱土在这片大地广泛分布。该亚区为农作物与牧草交叉种植，但粮食作物是该地区主要种植的作物，甜菜、向日葵是该地区主要的经济作物。该地区有着较为发达的畜牧业，但天然草地的退化非常严重。羊草、苜蓿和沙打旺是该亚区主要种植的牧草草种。一般会在轻碱地

和退化的草场上种植羊草以解决土质较差的问题；苜蓿种植在土质肥沃、水肥条件好的地区来维持现在的良好种植条件；沙打旺则种植在瘠薄的沙坨地和岗坡地上。

（4）松辽平原苜蓿、无芒雀麦亚区

辽河流域的平原部分与松花江流域共同构成了该亚区。这一地区的粮豆产量很高，是东北粮食和豆类的主要产区，同时猪、禽的商品生产基地也在这里。该地区一年的平均气温约 4～8.7 ℃。≥21 ℃的积温 2900～3400 ℃，属半湿润区。黑钙土、黑土、草甸土在这片大地广泛分布。本亚区的自然条件得天独厚，要依照大农业的发展观点以及建立生态农业的转型需要，根据当地农牧业生产的特点，应用粮草轮作的种植方法，逐渐使地力得到恢复和提高；要建立人工草地，不断生产优质牧草；还要建立集约化的饲料生成基地；等等。苜蓿和无芒雀麦是这一亚区主要种植的牧草草种。

（5）东部长白山山区苜蓿、胡枝子、无芒雀麦亚区

本亚区为吉林、辽宁两省的东部山区、半山区，属温带湿润季风气候，年均温 2～8 ℃，210 ℃的积温为 1900～3200 ℃，无霜期 120～162 天，降水量 700～1000 毫米。气候相对凉爽，冬季降水较多，有利于牧草越冬。水稻、玉米、杂粮是农业生产的主要作物，苜蓿、胡枝子、无芒雀麦是主要种植的牧草种类。

（6）辽西低山丘陵沙打旺、苜蓿、羊草亚区

该区年均温 6～9 ℃，≥10 ℃的积温为 2900～3600 ℃，年降水量为 350～600 毫米，有 130～160 天的无霜期，日照时间 2800 小时以上，土壤为棕壤。本区自然条件较为恶劣，水土流失严重，应选择沙打旺、苜蓿、羊草为主要草种。

（二）内蒙古高原苜蓿、沙打旺、老芒麦、蒙古岩黄芪栽培区

该区位于北纬 36° 40′～46° 50′、东经 90° 12′～123° 30′。包括内蒙古大部及河北坝上、宁夏平原和甘肃河西走廊等省区的部分地区，共辖 125 个旗县（市、区）。该区气候特点是冬季多风寒冷，夏季凉爽干燥，年均温 –3～9.4 ℃，≥10 ℃积温为 2000～2800 ℃，无霜期 90～170 天，年降水量 50～450 毫米，春季多旱。土质多为栗钙土和灰钙土。该区是我国最重要的畜牧业生产基地，天然草地近 0.8 亿公顷，人工草地 93.3 万多公顷，著名的三河马、三河牛、乌珠穆沁

牛、乌珠穆沁马、滩羊、沙毛山羊及内蒙古细毛羊均孕育于这里，同时这里也是我国最主要的骆驼基地。适宜种植的牧草有苜蓿、沙打旺、老芒麦、蒙古岩黄芪、披碱草、羊草、大麦草、星星草、冰草、沙生冰草、蒙古冰草、山竹岩黄芪、锦鸡儿、胡枝子、扁蓿豆、白花草木樨、草木樨状黄芪、细齿黄芪、垂穗披碱草、芜菁、普通苕子、毛苕子、柠条、锦鸡儿、细枝岩黄芪、白蒿、芨芨草等，苜蓿应选用抗旱耐寒的草原 1 号和 2 号杂种苜蓿及抗旱很强的准格尔（或称伊盟）苜蓿。本区分为如下 7 个亚区。

（1）内蒙古中南部老芒麦、披碱草、羊草亚区

本区包括大兴安岭西侧和南部沿山地带、大兴安岭南部余脉和阴山山脉以北的地区。

温凉、半干旱是这一地区的气候特点。本地区一年大约有 300～400 毫米的降水量，夏季多雨，降水较为集中，≥ 10 ℃积温为 1500～2600 ℃，7 月热量较高，平均气温为 18～22 ℃。全年有 90～120 天的无霜期，全年最冷月份的平均气温为 –14～–22 ℃。本区只有东部的部分地区在海拔 1100 米以下，其余地区都在海拔 1100 米以上，所以冬季非常寒冷，而夏季就相较其他地区更为凉爽一些。栗钙土是该地区的主要土壤类型，肥力属于中等或较高的层次。

该地区以羊草为主，老芒麦和披碱草也是该地区较好的杂草。在豆科牧草中，以苜蓿为主，具有很强的抗旱能力。但在下雪少的地方，要注意选用耐旱的苜蓿，才能在冬季安全过冬。

在该地区，沙打旺的产量很高，但是由于缺乏积温，霜期时间短，尤其是夏天比较温度不够高，生长旺盛的时候气温很低，所以即使是早熟的沙打旺也不会结果。

在沙质土壤中，除可栽培沙打旺，也可栽种扁穗冰草。该地区分布着大小不一的盐碱地，除了可以种植羊草之外，还可以种植大麦、天竺葵这类耐盐碱的作物。

（2）内蒙古东南部苜蓿、沙打旺、羊草亚区

本区位于内蒙古自治区东南部，海拔较低，平均只有 500～800 米的海拔高度，有着丰富的热量资源，≥ 10 ℃积温达 2500～3200 ℃，无霜期 130～150 天，7 月份平均气温可达 22 ℃以上。该地区一年中降水量较为丰富，平均年降水量为

350~450毫米，降水多集中在夏季，湿润系数0.3~0.4，气候属温暖半干旱地区，植被属于草原地带。

土壤以栗钙土、灰褐土、黑土为主，其间有草甸、沙丘、灌水、冲积土。该区域的土壤肥力中等，除了沙地，其他的土壤有机质仅占1%~3%，有些地方的土壤盐碱化程度较高。

适合该区域的牧草种类很多，尤其是苜蓿非常适合在这片土地上生长，如果能与大田作物进行草田轮作，可以不断改善土地的肥力，增加粮食和饲料的产量，从而使农区的畜牧业得到进一步的发展。现在很多农民都将草木樨和毛苕子引到了粮田里，进行了草粮的轮作、秸秆还田，这是一种农牧结合的方式，可以提高农作物的产量，也可以为畜牧业的发展提供优质的牧草。另外，羊草、老芒麦、披碱草、扁穗冰草也是该地区主要的多年生牧草。

该地区有许多沙质土地，例如赤峰市、哲盟等。可种植耐旱、耐沙埋、耐贫瘠的沙打旺、山竹岩黄芪。这些都是在沙地、草地上进行飞机播种改良的理想草种。因其热能资源和高积温，在内蒙古地区都能很好地供牧草生长，是生产沙打旺、山竹岩黄芪的重要基地。另外，在沙质土壤上也可以推广栽培锦鸡儿、扁蓿豆、胡枝子等，这些植物不但可以作为家畜的饲料，还可以在保持水土、防风固沙、恢复生态平衡方面发挥重要的作用。在沙质土壤上，除了长穗冰草，还可以栽培具有较高抗旱能力的蒙古冰草。在盐碱地上，可以栽培羊草。

（3）河套—土默特平原苜蓿、羊草亚区

本区位于阴山山地以南，为阴山山前洪积平原和黄河、大黑河的冲积平原。

本区热量资源丰富，年平均温度4~7 ℃，积温约2500~3200 ℃，无霜期130~160天。年降水量由东部的400毫米降至西部的150毫米，蒸发强烈，蒸发量全年平均约为2200~2600毫米。同时，光照充足和太阳辐射强为农业生产创造了良好的条件，但由于降水较少、蒸发较多，没有灌溉条件的地区，往往会遭受旱灾。从东到西为栗钙土、棕钙土、棕钙土，以灌淤土、灰潮土等为主的耕地，土壤中有2%~3%有机质含量。

该地区属农业灌溉地区，适宜种植的牧草品种较多。但草田的轮作，还是以苜蓿为主。当前，草田轮作制的大规模推广尚存在一定的难度，可以像第二亚区那样，采取引草入田、草粮间作、过腹还田、农牧相结合的方式。适合于两年生的草木、一年生的毛扫帚。在盐碱地上，羊草、大麦草、星星草等耐盐碱的作物可以种植。

（4）内蒙古中北部披碱草、沙打旺、柠条亚区

这个地区位于阴山山脉及以北的蒙古高原，植被属荒漠草原。

本区夏季凉爽，冬季寒冷，多雪灾，≥10 ℃积温 1300～2000 ℃，无霜期 90～110 天。本区主要特点是干旱；年降水量不足 300 毫米，有的地方只有 150 毫米，蒸发量却高达 2000～3000 毫米。所以，主要种植耐旱性强的半灌木牧草，如锦鸡儿。耐旱、耐风沙的沙打旺，在该地区产量高，但是无法结出果实。扁穗冰草是一种优良的补播牧草，具有很强的抗旱能力。为了提高产量，必须在有一定的土壤含水量的情况下种植。在此条件下，还可以栽培紫花苜蓿、羊草。由于该区年降水较少，尤其是春季干旱多风，导致春播难以抓住幼苗，因此，在强风过后，在雨季之前或雨季时，及时抢种是非常关键的。在该区域，选用合适的牧草品种，进行合理的耕作、保墒、适时抢种是牧草顺利生长的重要手段。

经多年试验，多年生草木樨状黄芪和多年生半灌木细齿黄芪也能够在本区推广。

（5）鄂尔多斯柠条、蒙古岩黄芪、沙打旺亚区

本亚区位于内蒙古最南部的鄂尔多斯高原上，平均海拔 1300 米，大部分为牧区。年降水量为 250～400 毫米，≥10 ℃年积温 2000～3000 ℃，无霜期 110～150 天。土壤为栗钙土及棕钙土，肥力不高。改良土壤和建立人工及半人工草场是种植牧草的主要目的，锦鸡儿、沙打旺是主要种植的牧草品种，同时草木樨状黄芪、草木樨可作为次要种植的牧草品种。

（6）内蒙古西部梭梭、沙拐枣亚区

本亚区分布在内蒙古阿拉善大草原阴山西部。降水少、蒸发强烈，有着丰富的热量资源，干旱、温热严重制约了很多牧草的生长。但沙土地可选用耐干旱的半灌木或灌木，如蒙古沙拐枣等；在水土条件好的土壤环境下，可以种植苜蓿、老芒麦、披碱草、扁穗冰草等。

（7）宁甘河西走廊苜蓿、沙打旺、柠条、细枝岩黄芪亚区

本区位于内蒙古西南，包括宁夏平原和河西走廊区。

宁夏部分为黄灌区，这一带属干旱荒漠气候，干旱少雨，日照充足，热量资

源比较丰富，年平均温度 8.2～9.2 ℃，年降水量 180～220 毫米，年日照 3000 小时左右，年积温 3200～3400 ℃，无霜期 145～170 天，牧草生长期 200～210 天。降水虽少，但有黄河灌溉。这一带适宜草种为苜蓿和湖南稗等。

河西走廊区，南有祁连山和阿尔金山，北有马宗山、龙首山和合黎山，中部地势平坦，整个地形狭长，由东南向西北倾斜。最高海拔 5808 米，4100 米以上常年积雪，孕育着现代冰川，是河西绿洲的主要水源。海拔 2000～4000 米地带主要为牧区和林地，年均气温 -6～-3 ℃，多为 0～2 ℃，年积温 1000～2500 ℃，≥ 10 ℃年积温 200～1900 ℃，热量不足，无霜期短。祁连山区系由一系列平行山脉和山川谷地组成，草原面积甚广。东段寒冷半干旱，年降水量 400 毫米左右。西段寒冷干燥，年降水量 70～150 毫米，以耐寒、旱生或超旱生牧草占优势。适宜种植的牧草有老芒麦、垂穗披碱草、无芒雀麦、芜菁等。

河西中部绿洲，地势平坦，热量丰富，日照充足，气候干燥，为灌溉农业区。绿洲之外有大片沙漠、戈壁及碱荒地，年均温 5～9 ℃，≥ 10 ℃积温 1900～3900 ℃，年降水量 40～20 毫米，无霜期 130～170 天，土壤有绿洲灌溉土、栗钙土等等。灌区农田有种苜蓿习惯，此外复种一年生绿肥。非灌区则以种植耐旱沙生植物为主。适宜种植的牧草主要有苜蓿、草木樨、箭筈豌豆、毛苕子等。

北部山地，为河西走廊北部低山丘陵沙漠、戈壁，是荒漠半荒漠牧区。海拔 1200～2500 米，山势低矮，相对高度 200～300 米，年均温 4～7 ℃，年降水量 80～150 毫米，夏季炎热干燥，冬季寒冷，昼夜温差大，蒸发量大，多风暴雨天气，光照强烈，热量充足，水资源严重不足，完全呈现荒漠景观。适宜草种有柠条、锦鸡儿（毛条）、细枝岩黄芪（花棒）、白篙、芨芨草等。

（三）黄淮海苜蓿、沙打旺、无芒雀麦、苇状羊茅栽培区

本区位于长城以南，太行山以东，淮河以北，濒临渤海和黄海。包括北京、天津、河北大部、河南东部、山东全部、江苏北部及安徽淮北，共辖 477 个县（市、区）。

本区气候特点属暖湿气候，年均温 6～14.5 ℃，≥ 10 ℃积温为 4000～4500 ℃，无霜期 145～220 天，年降水量 500～850 毫米，多为两年三熟和一年两熟地区。土质为棕壤和褐土。该区有草山草坡 400 多万公顷，沿海草滩 80 余万公顷，农田轮作草地约 467 万公顷，农业历史悠久，是我国重要的粮棉产区及畜禽生产基地，孕育出著名的鲁西黄牛、冀南黄牛、北京黑白花奶牛、德州驴、大小尾寒羊、青山羊、白山羊、太行山羊、深州猪、定州猪、北京黑猪、北京鸭、五龙鸭、寿光鸡等。适宜种植的牧草有苜蓿、沙打旺、无芒雀麦、苇状羊茅、葛藤、山野豌豆、小冠花、刺槐、草木樨、百脉根、多年生黑麦草、三叶草、鸡脚草等。该区分为如下 5 个亚区。

（1）北部西部山地苜蓿、沙打旺、葛藤、无芒雀麦亚区

该亚区以燕山、太行山区为主要分布地区，属大陆性季风气候，夏季炎热且降水较多，冬季寒冷且干旱，属暖温带向中温带过渡带。

该亚区主要是燕山和太行山区，为大陆性季风气候，夏热多雨，冬冷少雪，处于暖温带向中温带过渡地带。西北部干旱、东部湿润，降水量由西到东为 400～800 毫米，年均温为 4～10 ℃，无霜期 120～140 天。沙打旺、山野豌豆与野生葛藤适合在此种植。

（2）华北平原苜蓿、沙打旺、无芒雀麦亚区

本区域的草地种植，主要是能够提高土壤肥力，改良盐碱地，提高畜禽蛋白质饲料的供给，实现农牧渔业相结合，并在平原上建设人造草地。适宜种植的草本植物有苜蓿、沙打旺、芦苇等。

（3）黄淮海平原苜蓿、沙打旺、苇状羊茅亚区

本亚区包括江苏省苏北地区、安徽省淮北地区、河南省北部及东部、山东省鲁西及鲁西北平原等。本亚区年均温 13～15.5 ℃，年降水量 600～800 毫米，无霜期 210～220 天。主要种植小麦、薯类、花生等。黄河滩、黄河故道和淮河等流域是我国目前最突出的人工种植区域。在农业生产区，随着草地的不断增加，牧草的引入开发对发展饲料作物也是十分有利的。

（4）鲁中南山地丘陵沙打旺、苇状羊茅、小冠花亚区

本亚区地处山东腹地，年均温 12～17 ℃，年降水量为 680～860 毫米，土壤以棕色森林土与褐土为主。受到多年的人类活动影响，自然植被遭受了很大的破坏，水土流失也十分严重，因此，该地区草地的建设必须加强，使草地的生产力持续地提高。适宜栽培的草本植物有沙打旺、苇状羊茅、小冠花等。

（5）胶东低山丘陵苜蓿、百脉根、黑麦草亚区

本亚区涵盖了整个山东半岛，以丘陵和平原地形为主。该亚区年平均气温约为 12 ℃，年平均降雨量为 750～900 毫米。本地区的自然草原主要是山地、丘陵、稀疏的林地。该亚区要积极推进封山育草和自然草原的建设。选择百脉根、多年生黑麦草、羊茅等为主要草种，并进行大量的人工补种，以提高草场的产量和品质。

（四）黄土高原苜蓿、沙打旺、小冠花、无芒雀麦栽培区

本区西起青海的日月山，东至太行山，南达秦岭、伏牛山，北抵长城。包括山西全境、河南西部、陕西中北部、甘肃东部、宁夏南部、青海东部，共辖 313 个县（市、区）。

该区气候特点属季风性大陆气候，年均温 4～14 ℃，≥10 ℃积温为 3000～4400 ℃，无霜期 120～250 天，年降水量 240～750 毫米，水热条件由南到北渐差。土质多为黄绵土和黑垆土。

该区历史上为农牧结合地区，牧业历史悠久，著名的畜种有秦川牛、晋南牛、早胜牛、关中马、关中驴、庆阳驴、佳米驴、晋南驴、关中奶山羊、同羊、滩羊、静宁鸡等。

种草历史也相当悠久，苜蓿引入我国最早在这里种植，距今已有 2000 多年历史。至 1986 年底，该区人工草地达 11.9 万公顷，其中苜蓿 75.5 万公顷、沙打旺 32 万公顷、红豆草 3.3 万公顷、小冠花 0.8 万公顷、无芒雀麦 1000 公顷，适宜种植的牧草还有苇状羊茅、鸡脚草、湖南稷子、白花草木樨、冰草、白沙蒿、羊柴、草木樨状黄芪、羊草、老芒麦等。

本区土壤主要有黄绵土、黑垆土，北部有风沙土、沼泽土、草甸土、淤土等，山区有山地草甸土、山地棕壤、栗钙土、褐土、栗褐土等。黄绵土颗粒细，团粒结构少，抗冲刷能力低，遇水容易塌陷，肥力亦较低。黑垆土团粒结构好，肥力较好。山地黑钙土、山地棕壤和褐土肥力较高。草甸土有机质含量高，但因气温低、熟化慢，仍然缺肥。该区可分为如下四个亚区。

（1）晋东豫西丘陵山地苜蓿、沙打旺、小冠花、无芒雀麦、苇状羊茅亚区

本区位于黄土高原东南部，大部海拔高度 1000～1500 米，山丘之间有一些洼陷盆地和河谷平原。山丘地占 80%～90%，主要是黄土堀、梁、阶地，低山丘陵。本区黄河以北热量适中，降水略多，≥10 ℃积温 2500～4000 ℃，无霜期 100～

160 天，境内海拔高度 1052～2400 米。黄河以南的豫西地区年平均降水量为 550～700 毫米，而伏牛山地区的年均降水量高达 800 毫米，气候较为湿润。棕壤是高山中土壤的主要类型，有机质含量达 2% 以上，pH6.0～6.5；低山丘陵为褐土，pH6.5～7.5，黄土丘陵则以黄土为主，土壤疏松多孔，土层深厚，pH7.5～8.0。

该地区是一个温暖、半干旱的地区。会在特定的月份进行密集降水，且雨量大会造成大暴雨。地势崎岖，地表水分容易流失，地下水资源稀少，难以开发，易产生严重的旱情。

水土流失是该区的一个突出问题。应该积极开展草地绿化、水土保持、涵养水源等方面的措施，以促进农业、林业和畜牧业的全面发展。

结合区内地形地貌、土壤、气候、牧草生态特性和生产实践等，确定了该区主要的牧草品种是苜蓿、小冠花、无芒雀麦、苇状羊茅等。

（2）汾渭河谷苜蓿、小冠花、无芒雀麦、鸡脚草、苇状羊茅亚区

包括山西晋中、晋南谷盆地区、陕西关中平原及两侧的旱原。晋中、晋南盆地海拔高度 245～1800 米，≥ 10 ℃积温 3600～5000 ℃，无霜期 140～205 天。本区热量充足，水源不足，旱地较多，农业生产以小麦和杂粮居多。原面比较完整平坦，但原边沟壑较多，植被稀少，水土流失严重。地下水位深，水质不佳，人畜饮用困难，年均气温在 9～14 ℃，≥ 10 ℃积温 2700～3900 ℃，极端最高温 42 ℃，极端最低温 –21 ℃，无霜期 180～225 天，年降水量 500～750 毫米，多集中在 7—9 月，西部多于东部。原区土壤主要为黑垆土、黄绵土，河谷区为黑垆土、黄土、潮土等。主要农作物是冬小麦、玉米、棉花、油菜、甘薯、花生、豆类等。干旱、霜冻是本亚区的主要自然灾害，尤以伏旱和晚霜对农作物伤害最大。

本区适宜种植的牧草主要有苜蓿、红豆草、小冠花、沙打旺、无芒雀麦、鸡脚草、苇状羊茅等。本区还有约 8 万公顷的盐碱地，可考虑种植湖南稷子、草木樨等。

（3）晋陕甘宁高原丘陵沟壑苜蓿、沙打旺、红豆草、小冠花、无芒雀麦、扁穗冰草亚区

本区包括山西北部、西部，陕西的北部，甘肃东部和宁夏南部。本区位于黄土高原北部，是水土流失最严重地区。地形复杂，南部为高原沟壑区，海拔多在 900～1500 米，属暖温带、半湿润气候，年平均气温多在 7～10 ℃，≥ 10 ℃积温

3000～4000 ℃，≥10℃积温2600～3400 ℃，无霜期140～190天，降水量400～650毫米。土壤主要为黄绵土和黑垆土。本区海拔稍低，土层深厚，水热条件好，草场和"三荒地"（荒山、荒沟、荒坡）面积较大，有利于牧草栽培。但沟坡地多，水土流失严重，种植业的主要灾害是春旱、伏旱和晚霜。

本亚区中部为黄土丘陵沟壑区，土壤主要为黄绵土、绵沙土和淤土。气候温冷干旱，冬季长达5个半月。最冷月平均气温为-8～-10 ℃，极端最低气温为-22～-26 ℃，年降水量500毫米左右。这里冬季多大风、干旱；夏季较短，多暴雨、冰雹和山洪。按照自然条件和水土保持的要求，本地带应大力种草造林，发展畜牧业。凡水利条件较好的川地、坝地应经营种植业。总之，今后应大量退耕陡坡地，种草种树发展畜牧。

本亚区北部为长城沿线。土壤为风沙土、沼泽土、草甸土、淤土和荒漠土。土地瘠薄，盐碱重，风沙大。气候寒冷干燥，具有明显的大陆性气候特点。年平均温度7～9 ℃，≥10 ℃积温3000～4000 ℃，无霜期120～160天，降水量400毫米左右。植被稀疏，以沙生植物为主。过去主要种植的牧草有紫花苜蓿和草木樨，最近则大力推广沙打旺改造沙地，建立草地。

本区历史上以牧业为主，有长期种植苜蓿的习惯。近年来，种草种树蔚然成风，北部采用飞机播种沙打旺、白沙蒿、塔落岩黄芪、草木樨状黄芪。其他地区大面积种植紫花苜蓿、沙打旺、红豆草、小冠花、无芒雀麦、扁穗冰草、羊草、老芒麦等禾本科牧草。今后应巩固现有种草面积，大力恢复植被，严禁垦荒，逐步使陡坡地退耕种草，使生态环境恢复平衡。

（4）陇中青东丘陵沟壑苜蓿、沙打旺、红豆草、扁穗冰草、无芒雀麦亚区

本区位于黄土高原西部，包括六盘山以西，乌鞘岭、日月山以东的甘肃中部、青海东部。在整个高原中，本区地势较高，生长期短，气候较干燥，青海东部以黄土丘陵及河谷地为主，依据海拔高低、水热条件和农业生产结构不同，可分为川水、浅山和脑山。川水地区海拔高度约为1700～2650米，年平均气温5.7（西宁）～8.6 ℃（循化），降水240～528毫米，生长季180～240天，≥10 ℃积温为2434～3401 ℃。本区是青海春小麦的主要产区，热量资源丰富，大部分地区在春小麦收割后尚有剩余积温可复种二茬作物。浅山地区位于川水区以上，由湟水、黄河河谷两岸一系列丘陵低山组成，海拔约为1800～2800米，年平均气温

3 ℃左右，降水 250～400 毫米，生长季 150～220 天，≥ 10 ℃积温 1724～2450 ℃。本区主要种植小麦、蚕豆、青稞、洋芋等作物。脑山地区主要分布在东部农业区，海拔高度 2700～3200 米，为山坡和山前冲积扇，年平均气温 0～2 ℃，降水 500 毫米以上，生长季 150 天左右，≥ 10 ℃积温约 1500 ℃，主要种植青稞、燕麦、洋芋、油菜等。

本区种植的牧草有紫花苜蓿、沙打旺、红豆草、扁穗冰草、无芒雀草、草木樨等。本区植被稀疏，水土流失严重，粮食产量低且不稳定。干旱、霜冻、土壤贫瘠是农业主要限制因素。但土地资源丰富，有草山草坡约 200 万公顷，种草前景十分广阔。种草养畜，发展商品畜牧业，是本区达到小康水平的主要途径。

（五）长江中下游白三叶草、黑麦草、苇状羊茅、雀稗栽培区

本区位于我国中南部，北纬 24° 30'～34° 10'，东经 102° ～123° 。包括江西、浙江和上海三省市全部，湖南、湖北、江苏、安徽四省的大部，以及河南南部的一小部分，共辖 561 个县（市、区）。

该区属亚热带和暖温带的过渡区，四季分明，冬冷夏热，生长季温暖湿润，水热资源丰富，年降水量 800～2000 毫米，由南到北递减，年均温 15～21 ℃，≥ 10 ℃积温为 4500～6500 ℃，无霜期 230～330 天。

土质多为黄棕壤、红壤和黄壤。黄棕壤分布于北亚热带的低山、丘陵和岗地及亚热带海拔 800 米以上的山地。红壤多分布于中亚热带海拔 500 米以下的丘陵岗地。黄壤分布于中亚热带海拔 500～800 米的山地。红壤土层深厚，但肥力较低，天然植被稀疏，水土流失严重。黄壤含有机质较高，土壤肥力较好，多呈微酸性，pH4～6.5，缺磷少钾。

该区农业生产水平位居全国之首，也是我国重要的商品猪、禽、蛋生产基地，水牛和黄牛是本区主要畜种。草地以草山草坡居多，面积近 1333 万公顷，人工草地 8.7 万多公顷，主要种植的牧草有白三叶、多年生黑麦草、苇状羊茅、雀稗等，适宜种植的牧草还有红三叶、鸡脚草、苜蓿、无芒雀麦、一年生黑麦草、聚合草、杂交狼尾草、象草、苏丹草、苦荬菜等。本区可分为如下三个亚区。

（1）苏浙皖鄂豫平原丘陵白三叶、苇状羊茅、苜蓿亚区

本亚区草山草坡资源丰富，有较大面积的滩地和海涂草场。气候属亚热带向暖温带的过渡带，温暖湿润，雨量充沛，且多集中于夏季。年均温 13～16 ℃，

≥ 10 ℃的积温 4500～5000 ℃，年降水量 1000 毫米以上，无霜期 210～250 天，日照时数 2000～2300 小时。夏季气温较高且降水较少，冬季降水较多，偶然出现严寒的情况。白三叶草、紫花苜蓿等是该亚区的主要种植的牧草草种。该区的北部地区气候较为凉爽，适宜选择多年生黑麦草、鸡脚草等来种植。

（2）湘赣丘陵山地白三叶、岸杂 1 号狗牙根、苇状羊茅、苜蓿、雀稗亚区

本亚区涉及湖南及江西两省，地形复杂、起伏，草地资源十分丰富，开发利用潜力大。土壤主要有红壤、黄壤、岩性土、湖土等。气候主要属亚热带气候，温和湿润，年均温 16～18 ℃，≥ 10 ℃的积温 5100～6000 ℃，年均降水量 1300～1700 毫米，无霜期 235～310 天。该亚区主要的牧草草种有白三叶草、岸杂 1 号狗牙根等，红三叶草、鸡脚草等可作为补充草种。

（3）浙、皖丘陵山地白三叶草、苇状羊茅、多年生黑麦草、鸡脚草、红三叶草亚区

该亚区地处浙江及安徽两省，丘陵面积占约总面积的 4/5，其余面积是平原。红壤是主要的土壤类型，有着明显的地带性土壤垂直分布，红壤多分布在海拔 600～700 米的山地，而黄壤多分布在海拔 1000 米以上地区，土多为草甸土。本亚区属中亚热带气候，水热资源较为充足，四季交替明显，季风显著，夏季气温较高，冬季气温较低。年平均气温为 16～17.7 ℃，≥ 10 ℃的积温 4800～5600 ℃，年平均降水量 1600 毫米。旱涝现象易在丘陵谷地的地形中出现，暴风、台风对沿海地区有着较大的影响。该区主要种植的牧草草种是白三叶草、鸡脚草等。

（六）华南宽叶雀稗、卡松古鲁狗尾草、大翼豆、银合欢栽培区

本区位于北纬 3° 25'～28° 22'，东经 97° 49'～122°。包括闽、粤、桂、台湾、海南五省区及云南南部，共辖 190 个县（市、区）。

该区气候特点属亚热带和热带海洋性气候，水热条件极为丰富，年降水量 1100～2200 毫米，年均温 17～25 ℃，≥ 10 ℃积温 5500～6500 ℃。本区的土壤随纬度不同呈现地带性分布，由北向南大致依次为山地红壤、赤红壤、砖红壤等。pH4.5～5.5，偏酸，氮含量低，磷普遍缺乏。由于气温高，有机质分解快而不易积累，故有机质含量普遍不高，只有广西壮族自治区石灰岩土壤分布区有机质较多，pH 在 6 以上，石灰岩土壤分布区约占全区面积的一半以上。

该区草地多为草山草坡，面积 2000 万公顷，人工草地尚处于发展阶段，已栽培的牧草有宽叶雀稗、卡松古鲁狗尾草、大翼豆、银合欢、格拉姆柱花草等，适宜栽培的牧草还有象草、银叶山蚂蝗、绿叶山蚂蝗、小花毛华雀稗等。本区可分为如下四个亚区。

（1）闽粤桂南部丘陵平原大翼豆、银合欢、格拉姆柱花草、卡松古鲁狗尾草、宽叶雀稗、象草亚区

本亚区位于北回归线以南，长夏无冬，年均温 20 ℃以上，≥ 10 ℃的积温在 6500 ℃以上，年均降水量为 1200~2000 毫米。地形为低山丘陵及近海河流两岸的冲积平原。土壤为砖红壤，pH 为 5。该亚区人口数量大、农业历史久远导致水土流失严重、生态环境恶劣。在流域内进行牧草生产主要是为了使生态环境得到改善，水土流失得到控制，并在河道冲积平原上修建人工草场和饲草场，以改善饲草品质。

（2）闽粤桂北部低山丘陵银合欢、银叶山蚂蝗、绿叶山蚂蝗、宽叶雀稗、小花毛花雀稗亚区

本亚区地处北纬 25° 以北的南方三省的北部地区，属中亚热带气候区。年平均气温较高，年均降水量较多，四季交替明显，年均温度 17~20 ℃，≥ 10 ℃的积温为 5500~6500 ℃，平均一年的降水量可达 1500~2000 毫米，平均一年有着 335~355 天的无霜期，低山丘陵为该区主要地形，土壤为红壤、赤红壤。该区农业发达、植被好、草山草坡连绵不绝，但要想有效利用则需要人们对土壤进行改良。

（3）滇南低山丘陵大翼豆、格拉姆柱花草、宽叶雀稗、象草亚区

本亚区除德宏州外均位于北纬 24 ℃以南的云南省境内。地形复杂，年均温 20 ℃，≥ 10 ℃的积温在 7000 ℃以上，一年的平均降水量可达 1200 毫米。砖红壤及红壤是主要的土壤类型。草山草坡有山地丘陵灌丛和丘陵灌丛两类。

（4）台湾山地平原银合欢、山蚂蝗、柱花草、帽花雀稗、象草亚区

本亚区主要指台湾岛及附近岛屿，山地面积占约 64%，平原约 30%，其余为丘陵及盆地。年均温 20 ℃以上，≥ 10 ℃的积温为 8000 ℃，降水量 2000~3200 毫米，红壤，有机质含量高。农业发展情况较好，集约化养猪、养鸡是畜牧业的主要养殖类型。许多山地及丘陵适宜种植牧草。

（七）青藏高原老芒麦、垂穗披碱草、中华羊茅、苜蓿栽培区

本区位于青藏高原上。青藏高原是我国面积最大、地势最高、气候最冷的高原，平均海拔 4000～6000 米以上。包括西藏、青海大部、甘肃甘南及祁连山山地东段、四川西部、云南西北部，共辖 156 个县（市、区）。

该区气候特点属大陆性高原气候，寒冷干燥，冬长夏短，无霜期短，温差大，日照强而充足，大多数地方年降水量 100～200 毫米，年均温 –5～12 ℃。土质多为草甸土和草原土。

草甸土和草原土是本区土壤的主要类型。主要有亚高山草原土、高山草甸土等。这些土壤中含有很高的有机质，有些地区甚至达到了 10% 以上，但由于温度太低，不容易被降解，所以缺少有效的营养。另外，藏东川西部地区也存在着沼泽土、黄棕壤等。柴达木盆地的土壤以荒漠土、盐土为主。

该区牧业历史悠久，以饲养藏羊和牦牛为主，草原面积达 1.3 亿公顷，但人工种草历史短暂，仅老芒麦在川西种植了 1 万公顷，垂穗披碱草、中华羊茅、苜蓿也有种植，适宜种植的牧草还有红豆草、无芒雀麦、白三叶、冷地早熟禾、沙打旺、星星草、糙毛鹅观草、多叶老芒麦、聚合草、草木樨等，选择抗寒耐旱草种，尤其是豆科草种是今后该区的首要工作。本区可分为如下五个亚区。

（1）藏南高原河谷苜蓿、红豆草、无芒雀麦亚区

本亚区包括日喀则地区（除仲巴萨嘎）、江孜地区、拉萨市（除当雄）、山南地区（除加查）共 34 个县（区）。位于西藏西南部，北部海拔 3500～4100 米，地势平缓，气候温凉。7 月份平均温度 14～16 ℃，1 月份为 –4～–1 ℃，年日照时数 2900～3300 小时，无霜期 120～150 天，降水量 400 毫米，可以灌溉。本区南部属藏南高原，海拔 4400～4600 米，内陆湖盆及河流上源地带主要是天然草场。

由于栽培历史较短，自 1974 年紫花苜蓿、红豆、无芒雀麦等品种的引进，并在拉萨等地进行了试验，取得了很好的效果，后来在西藏南部拉萨各县、日喀则、山南等地进行了推广种植。

（2）藏东川西河谷山地老芒麦、无芒雀麦、苜蓿、红豆草、白三叶亚区

本区包括西藏昌都地区、林芝地区全部及山南地区加查县、那曲地区索县，云南西北部怒江、迪庆、丽江三地州的西部 9 县，四川西部阿坝、甘孜、凉山州的 19 县，共计 3 省 10 地（州）的 52 个县。

该亚区地处青藏高原东南部，因印度洋及太平洋的湿润热气沿着河谷蒸腾而上，区域内的降雨量通常是从南到北、从东到西、从西到大陆递减，每年的降雨量通常为500～800毫米，西南地区的雨量可达到1500毫米。气候具有明显的区域和纵向差异，从河谷到山顶，往往会经历热带、亚热带、暖温带、温带甚至是寒带。河谷阶地主要是农业，阴坡主要是森林，阳坡多是草地，山顶为草地或者被冰雪覆盖。农林、牧区垂直分布，有明显的层次性和嵌套。该区域有920万公顷的林地，林地面积占总面积达20.2%，草场分布较为零散，主要是高山草甸和亚高山草甸草场、灌木草甸草场、沼泽草甸草场。野生牧草的单位面积产量较大，主要是莎草科和禾本科牧草。

在寒冷地区，以老芒麦、垂穗披碱草等为主要栽培对象，在气候较好的地方，可以种苜蓿、红豆草等，而在河谷温暖的地方，可以种植黑麦草、红三叶等。

（3）藏北青南垂穗披碱草、老芒麦、中华羊茅、冷地早熟禾亚区

该地区由西藏西部和北部，青海南部玉树、果洛两州，四川西北部的甘孜和阿坝，共四州组成。本区是青藏高原的主体区域，每年平均气温在10 ℃以下，年降水量为100～250毫米，地形雨居多，降水频繁，但量少，一天会降水好几次，蒸发量大，风速大，无绝对无霜期。本亚区海拔高度为4500～5500米，植被类型从低到高依次为高山草原、高山草甸草原、高山草甸、高山垫状植被。5500米以上为高山冰雪带和冻土层。日照强度大，昼夜温差大，野生牧草仅有80～120天的生长期。

全区平均气温 –5.6～4.8 ℃，降水量267.6～764.4毫米。全年≥0 ℃的积温586.3～1984 ℃。低温、霜冻、冰雹、雪灾等自然灾害频繁。气候恶劣，牧草低矮稀疏，缺少饲料基地和棚圈建设，基本上仍是"靠天养畜"的状态。为数不多的人工草地大部分种植垂穗披碱草和老芒麦，但因管理不善、利用不当，退化很严重。1980年果洛州草籽场种植中华羊茅获得成功。中华羊茅在当地具有产量高、耐严寒、抗逆性强的优点，作为人工草地和用以退化草场补播改良都是适宜的。另外，早熟禾属的许多种，如冷地早熟禾、草地早熟禾等，都是建立人工草地和补播草地的良好播种材料，尤其适合于建立混播草地。常见的栽培豆科牧草在此区都难以越冬。

（4）环湖甘南老芒麦、垂穗披碱草、中华羊茅、无芒雀麦亚区

本区地处黄土高原与柴达木盆地之间，包括青海海北、海南、黄南、海西四州的环湖 11 县和甘肃甘南州 6 县（舟曲除外）及河西祁连山东段 2 县，共 19 个县。本区北部祁连山区 7 县，海拔 3000～4600 米，年平均温度除个别地区外，均在 0 ℃以下，无绝对无霜期。全年 ≥ 0 ℃积温 800～1740 ℃，年降水量 277.8～500 毫米，全年太阳辐射量约在 586～687 千焦 / 厘米²。海南及甘南大多地区海拔平均在 3000～3300 米，年平均温度 –2～6 ℃，年降水量 300～800 毫米，东部多，西部少，≥ 0 ℃积温多在 1000～2000 ℃。本亚区地处青藏高原东北边缘，地势起伏相对平缓，雨量较多，是整个高原上最好的草甸草场。天然植被覆盖度大，牧草品种资源丰富，优质牧草比例较大，一般每亩产鲜草可达 120～300 千克。

东边是一片茂密的森林地带，洪河、大夏河、白龙江上游的林场，河谷地大部分都被划成了农田，主要种植青稞、大麦等作物，其中油菜种植面积最大，主要分布在门源、天祝等地，种植面积约 1/3。本地区燕麦、莞根等一年生草本植物面积大，但多年生牧草品种单一，不易越冬，人工栽培的品种以垂穗披碱、老芒麦为主，少数无芒雀麦、中华羊茅等为辅。农业、畜牧业粗放式管理，牧草种植基础较差，自然草原退化严重，草原补种工作十分繁重。

（5）柴达木盆地沙打旺、苜蓿亚区

柴达木盆地地处青海省的西北部，是我国海拔最高的盆地。本区包括海西州都兰、乌兰两县，格尔木市和大柴旦、冷湖、茫崖 3 个州属镇。

盆地属干燥大陆性气候，海拔高，雨量少，年平均气温 1.1～5.1 ℃，年降雨量 17.6～210.1 毫米，年蒸发量 2088.8～3297.9 毫米，≥ 0 ℃积温为 1810.2～2821.4 ℃，辐射强，日照时数 3100.2～3550.5 小时，光辐射量和日照时数仅次于西藏，居全国第二。

本区最适合种植的牧草首推沙打旺和苜蓿。经栽培试验，沙打旺具有耐盐碱、抗旱、适应性强的特点，但不能开花结实。冬季极端气温达 –24 ℃时，仍能安全越冬，越冬率 95% 以上。在播种时只灌一次水、生长期内不灌溉的情况下，每亩产鲜草 350～600 千克。在当地一般一年刈草 1 次，再生草留供入冬放牧，各类牲畜均喜食。另外，苜蓿在该区灌溉条件下也能生长良好，而且粗蛋白质的含量高。在次生盐渍地上，可种植碱茅、星星草等耐盐牧草。

（八）新疆苜蓿、无芒雀麦、老芒麦、木地肤栽培区

本区位于我国西北部，北纬35°40'～49°50'，东经73°40'～96°18'，地处欧亚大陆中心，海拔2000～6000米，包括新疆全境所辖95个县（市、区）。该区地形复杂，由三列高山和两大盆地组成，地域性小气候明显，以天山为界分为南疆和北疆两个气候区域。气温是南疆高于北疆，年均温南疆为7.5～14.2 ℃，北疆为5～7 ℃；≥10 ℃积温南疆为4000 ℃，北疆为3000～360 ℃；无霜期南疆200～220天，北疆160天。年降水量是北疆高于南疆，北疆150～200毫米，南疆仅20毫米。土质多为盐土及灰钙土和棕钙土，缺水是本区的主要特征。该区牧业发达，历史悠久，是我国仅次于内蒙古的第二大牧区，草地面积0.8亿公顷，孕育有著名的新疆细毛羊、三北羔皮羊、福海大尾羊、塔城牛、伊犁马、巴里坤马等。该区草原建设面积近66.7万公顷，其中种草21余万公顷，改良退化草场30多万公顷，网围栏13.2万公顷，此外还有可刈割的草场133.3万公顷。该区适宜种植的牧草有苜蓿、无芒雀麦、老芒麦、木地肤、沙拐枣、红豆草、鸡脚草、樟味藜、驼绒藜、蒿类草等。本区可分为如下两个亚区。

（1）北疆苜蓿、木地肤、无芒雀麦、老芒麦亚区

该亚区位于天山以北，由于受地中海气候的影响，气候湿润，年降水量150～260毫米，≥10 ℃积温为3106～3600 ℃。在该区中，阿尔泰山南坡的自然草原资源十分丰富，植被发育良好，具有较高的草场生产力，这是新疆草原的精华；而在其他地区，由于水源和热能的匮乏，导致部分地区的发展被自然条件限制。其中，在水土条件比较好的区域，可以种植苜蓿等；在土壤贫瘠的沙地，可以栽植沙打旺、木地肤；在低湿度、低盐碱的土地上，可以通过种植星星草等植物来进行改良和开发。

（2）南疆苜蓿、沙枣亚区

南疆是四周为高山、中央低陷的巨大盆地。由于天山阻断西来的湿气，气候干燥，湿润系数（K）0.33，≥10 ℃积温3800～5300 ℃，1月份均温 -5.7～10.3 ℃、7月份25.3～33 ℃，年均温7.5～14.2 ℃，无霜期200～220天，吐鲁番225天。大部地区冬季无雪或少量积雪，年降水20～40毫米，多者60毫米，东部及南部几乎无降水。因而自然降水对植被发育没有明显作用。天然草场多分布于塔里木

河及其支流沿岸的洪水漫灌区及灌溉余水的泄流区。周围高山区，除天山南坡雨影区有较茂盛的植被外，其余地区也因降水少植被稀疏，产草量很低，载畜量不多。大部牲畜在平原区及农区零星草场放牧或进行舍饲，沙枣及胡杨树叶是冬季重要饲草之一。本区热量丰富，沙质土层深厚，若灌溉及时，苜蓿生长良好，年可收 3～4 茬，亩产干草 1000 千克左右。本区南疆塔里木盆地边缘，哈密、焉耆和吐、都、托三盆地，是大叶苜蓿的分布区，该区历史上是主要的苜蓿种植区，除苏丹草等一年生牧草有较高的产量外，其他牧草均难达到。但沙枣、旱榆等乔木（或灌木）很适宜当地土壤、气候条件，枝叶是牧畜的好饲草。因此在南疆农田四周用沙枣、旱榆、红柳等营造农田防护林网，林下种苜蓿形成双层牧场（或称立体牧场），很受群众欢迎。

南疆亚区中，山地牧场较好的是巴音布鲁克草原。该地海拔高度 2300 米以上，位于天山的腹地。由于处于天山主脉南坡的雨影区，年降水只有 284 毫米，山地平原、高山蒿草草甸发育较好。

二、国外牧草种植现状

世界各地的人造草原发展状况，除了历史因素之外，还与地方经济发展水平、经济实力等因素密切相关。在畜牧业发达的国家，有大片的人造草原，牧场的载畜量和生产能力都很高，比如荷兰，丹麦等国。这些国家的畜牧业产量占到了农业总产值的 50%；蒙古、阿富汗、乌拉圭这些国家，虽然是畜牧业大国，其畜牧业产出比农业产值要高得多，但是他们的采取了粗放式的经营管理，一般生产能力都很低，而且人造草原的面积很少。总体上看，目前全球人工草原面积每年都在增长。欧洲各国有 50% 以上草地是人造草地，全部饲草生产的 49% 是草地牧草生产的。西欧的人造草原每年能产出干物质达 10～12 吨 / 公顷，而西欧、北欧地区每年能产出 9000 升 / 公顷的牛奶或 950 千克 / 公顷的牛肉。美国有着 3150万公顷的永久性人造草原，占总草原面积的 13%。澳大利亚拥有 2670 万公顷的人造草原和半人造草原，占总草原面积的 4.7%。新西兰拥有 96 万公顷的人造草原，占全国草原总面积的 70%，所有的牲畜都是以青草为主饲料，是一种低成本、高效益的畜牧业模式。

三、牧草种植的发展趋势

（一）我国种草的有利条件

现代发达国家的经验显示，发展现代农业经济，关键在于合理开发和合理利用土地资源，尤其是饲料资源。我国是一个人口众多，耕地稀少，肉、奶、毛皮制品紧缺，生态环境相对脆弱的发展中国家。同时，中国作为一个主要的农业国家，拥有丰富的农副产品，草原面积极其广阔，牧草资源十分丰富，是世界上条件最好的国家之一。因此，在中国的农业现代化过程中，利用草原资源、发展草食性牲畜养殖，有着极为优越的群众基础和资源条件。

（二）种草与农业产业结构调整

我国在发展农村经济的同时，也在不断地调整农业内部结构，积极发展农牧业。当前，国家正在进行农业结构的调整，将"二元"的粮食作物结构转变为粮食 – 经济作物 – 牧草、饲料的"三元"的农业结构。经调查，"二元"栽培模式向"三元"模式转变，可以使整体经济效益增加50%。因此，首先要调整土地布局，增加牧草和饲料作物的种植面积。其次要解决当前"人口用粮"和"饲料用粮"无法区分的矛盾，积极发展高产型、精料型饲料作物，提高生产效率和经济效益。最后要进行农作体制的改革，在保证粮食产量的基础上，采取间作、套种、轮作的方式，种植高蛋白、高能、高产的牧草和饲料作物，增加复种基数，提高产出率。实施"三元"农业结构，促进了土地、草地、牲畜的有机循环，促进了当地的经济发展，并从根本上改善了农村的生态环境。

（三）种草与西部大开发

随着西部大开发的不断深入，保护和发展西部的草业项目也被提上了议事日程。由于目前制约西部大开发的主要因素是生态环境日趋恶化，因此要发展西部地区的经济，必须种植草木、植树造林、保护环境。我国西部有超过半数的国土面积，具有很大的发展前景，很多多年生牧草具有很好的适应性和良好的根系，可以提高土壤肥力、增加土壤中的团粒结构，是改善西部地区生态状况的先锋植物。只有把这些多年生的牧草引进来，我们才能真正地推动西部地区的绿化工程，才能从根本上扭转当前严重的生态环境恶化趋势，从而推动西部地区的经济发展。

（四）我国加入 WTO 后种草形势

随着中国加入世界贸易组织，有一份巨大的挑战在等待着畜牧业，传统的经营管理方式已经不能满足新的需求，因此，要走低成本、高效益、集约化、科学化的经营方式。当前制约我国畜牧业发展的主要原因是：畜禽品种不好，饲料质量不高，管理水平不足以适应当前市场发展，发展规模较小。在这些问题中，最重要的问题是饲料品质不佳，尤其是青贮饲料的周年轮供不足，导致饲料品质不能适应四季的需求。通过种植牧草和饲料作物，可以彻底解决这一问题。世界上许多发达国家都十分重视优质牧草的发展。例如美国从 1950 年开始，每年的种植面积就超过了 3000 万亩，现在已有 20% 的人工种草面积。紫花苜蓿的种植面积达到了 3.5 亿亩，占据了世界紫花苜蓿的三分之一；白三叶和黑麦草的种植面积超过了 1.2 亿亩，占据了全球的五分之一。优质牧草不仅能满足牲畜对营养的需求，而且能提高土壤的绿化覆盖率，有利于环境的保护和可持续发展。而我国到目前为止，全国人工种草面积不足 4000 万亩，还不到天然草地面积的 1%，优质青饲料的不足极大地制约着畜牧业的发展。

总之，农业是国民经济的基础，畜牧业是当今农业经济的核心，要发展现代高效的畜牧业，要让我国畜牧业与世界接轨，就必须大力发展草业。因为种植优良牧草，不但可为畜牧业提供稳定发展的物质基础，而且可以改善我们日益恶化的生态环境，促进我国经济的可持续发展。

第二章　牧草种植的基本知识

栽培牧草就是利用牧草的生命活动进行牧草生产。牧草一生所经历的生命活动周期叫作个体发育。牧草的个体发育是从卵细胞受精开始的，结合子细胞经多次有丝分裂而形成胚，胚具有明显分化的各种组织，有子叶（胚乳）、胚根、胚轴和胚芽。胚的形成是个体发育的第一阶段，这个阶段是在母株上完成的。

生产实践中，人们常把播种出苗，经开花结实到种子成熟收获看作是牧草的一个生命周期。从种子萌发开始，根和茎的幼体细胞旺盛分裂，叶、节、节间原始体依次形成，逐渐建立起一个具有根、茎、叶三种营养功能的有机体。有机体进入对环境起反应而开花的生殖生理阶段。当环境条件适宜时开始花芽的分化，开花、结果相继出现直至成熟。这样的周期适于以种子或果实为播种材料和收获对象的所有牧草。以营养器官为播种材料或收获对象的有马铃薯、狗牙根、聚合草等，其生物学的生命周期有别于牧草栽培学的生命周期。

第一节　牧草的基本生物学知识

牧草生活在自然界里与外界环境不断地进行着新陈代谢，结果是在牧草体内贮存了很多生活所需要的物质和能量，在此基础上牧草个体得到发展。在个体发展过程中，首先可以看到量的变化，在生长的同时，牧草体内发生了一系列变化。因此，牧草生长和发育全过程的动力就是牧草的新陈代谢，而正常代谢的综合表现就是牧草的生长和发育。牧草在整个生活过程中不仅与其周围环境有着密切关系，同时受其本身新陈代谢产物——激素的影响。这些都是通过牧草的生长和发育反映出来的。

牧草种类不同，生长发育的状况不同，就是同一牧草品种，在不同阶段中生长发育状况也不一样，因而调节生长发育是个十分重要而复杂的问题。如欲通过调节生长发育达到牧草增产，就必须对牧草生长发育进行深入细致的了解和分析。

一、牧草的生长发育

（一）生长发育特点

由于禾本科牧草的种子较小，种子的萌发条件较为严格，必须是在较为适宜生长的环境才能萌发。水分、温度和空气都属于这些环境条件之一：（1）如果没有充足的水分，种子就不能完全吸胀，内部的物质转化也就不能顺利进行，种子也因此无法萌发。（2）种子内部物质的分解与转化需要在一定的温度范围内进行，否则种子不能萌发，或萌发后发育不良而死亡。（3）种子萌发中的呼吸作用需要足够的氧气。总而言之，通常情况下禾本科牧草种子的萌发条件是，当在土壤水分含量达到10%以上时才能发生；热带型禾本科牧草种子一般发芽的最低温度为10 ℃，最高温度为40 ℃，最适温度为30～35 ℃；温带型禾本科牧草种子发芽的最低温度为0～5 ℃，最高温度为35 ℃，最适温度为15～25 ℃。

1. 禾本科牧草的生长发育特点

（1）禾本科牧草的营养生长

在种子生长到一定时期，在叶片上长出3～5个幼叶片后，通常会在叶片的第一、二叶片的内侧叶片上依次形成新的分蘖。不同类型的牧草，其分蘖的数目和部位不同。在幼苗的主茎长至5～10个叶片时，节间开始伸展，牧草进入了拔节生长期。一些多年生禾本科植物，如鸭茅等，其分叶速度快，在开花前，只有少数分蘖节间延伸，多数分蘖处于不生长的阶段，而生长点和底部分生组织则位于接近地面的部位。家畜采食或刈割都不能伤害其生长点和分蘖节。有些禾本科牧草当植株还在苗期时，节间伸长便开始了，而且拔节后的植株保持直立，使顶端生长点和许多腋芽长出地面，当刈割或放牧时，生长点被去除，再也长不出新的叶和芽，新分蘖也无法从上部叶腋中长出，这类牧草经不起重度利用。还有些禾本科牧草的分蘖幼枝沿地面匍匐生长，在节上产生不定根，腋芽会长出短期直立生长的侧分蘖，这些分蘖很快又发育为匍匐生长的枝条，如狗牙根等牧草。此外，还有一部分禾本科牧草产生的分蘖在地下沿水平方向生长，形成根茎，如羊草、无芒雀麦、象草等。

禾本科牧草种子发芽时长出的初生根，通常只能发挥几周的作用，很快就被分蘖节上形成的次生根所替代，形成禾本科牧草的须根系。根系的生长在第1年就可达到最大深度，当然，这也因草种、土壤类型和地下水位的高低而异。大多数温带型禾本科牧草，在土壤表层 10 厘米以内根的重量占根总重量的 60%，50 厘米以下土层中仅有少量根。

（2）禾本科牧草的生殖生长

牧草的生殖器官是牧草的花、果实和种子，生殖器官的生长过程就是生殖生长的过程。在营养生长过程中，禾本科牧草的叶原基连续地按一定的互生次序生长，然后再向外伸展，形成叶片。在光照、气温等环境因子的影响下，禾本科牧草的茎尖开始进入幼穗分化期。分化开始时，茎尖顶端的半球形显著伸长，扩大成圆锥体，渐渐地在下部两侧相继出现苞叶原基，接着从下部开始由下向上在苞叶原基的叶腋处分化小穗原基，随后在小穗原基基部分化出颖片，并自下而上进行小花的分化。小花的分化依次为外稃、内稃、雄蕊、雌蕊和浆片。当雄蕊的花药或雌蕊的胚囊发育成熟后，花器展开，使雄蕊或雌蕊暴露出来，这就是所谓的开花。开花后的植株进入了传粉、受精、种子发育的过程。

2. 豆类牧草的生长发育特点

豆科牧草与禾本科牧草种子萌发相同，环境温度、土壤水分、通气状况等均影响豆科牧草种子的萌发。豆科牧草种子的种皮会产生一层硬壳，阻挡空气和水分，使种子在很长一段时间内都会变得很结实，很难发芽，经常要借助外部的力量或者是自然环境的改变来打破。土壤水分对豆科牧草幼苗的生长十分重要，如果土壤水分过多，降低土壤的通气性，就会造成根浅或根茎小，引起幼苗死亡。

（1）豆科牧草的营养生长

莲座叶丛是豆科牧草出苗后形成的，因其下胚轴和初生根在生长时会出现收缩的情况，使第一节与子叶的第一节缩入土壤中，而下胚轴和初生根上部结构因细胞的横向生长而变得粗壮、短小，在豆科牧草根和地面交界处形成了膨胀的根茎。在莲座叶丛中，秋播的豆科牧草常会在里面过冬，第二年在每一片叶片的叶腋生出新的枝条；春播豆科牧草的莲座叶在叶片的各个叶腋开始萌发，腋芽向上长出新的枝条。豆科牧草是一种具有显著主根的直根植物。在地面部分开始发育真叶后，根的长度进一步延长，侧根的数量增加，并逐渐形成根瘤。在上部为莲座叶时，其根长常比地上部高出几十倍，根瘤也更多。到了后期，主根和上胚轴都变得粗壮，在靠近地表的地方膨胀，生成根茎，形成了豆科植物的整个根系。

在地面上生长出新的枝条时，根的变化很小，而在本地的上部株丛中，根的生长量也会增加，到了冬天，根茎的直径可以达到2～3厘米。豆科牧草根系入土深度随草种不同而异，一般入土深1.5～2.5米，紫花苜蓿可达3～6米，白三叶主要分布在40～50厘米的土层中。豆科牧草的根系常与根瘤菌共生形成根瘤，根瘤菌利用豆科牧草固定太阳能，同时固定氮素供豆科牧草利用。多年生豆科牧草在土壤中可进行有机氮的积累，从而促进土壤肥力的提高。豆科牧草紫花苜蓿、红三叶、紫云英等的根系无论对深潜水或是浅潜水都具有很大的敏感性，当根系分布区为潜水淹没时，豆科牧草的根与潜水直接接触，其发育常受到不良影响，导致根的死亡。雨水多的地区，因排水不良常造成低洼地区豆科牧草的烂根死亡。

（2）豆科牧草的生殖生长

营养生长阶段的豆科牧草，茎尖最幼的腋芽原基常出现于从顶端数第三个叶原基的叶腋处，通常第一和第二叶原基的叶腋处不会出现腋芽原基的发育。从营养生长到生殖生长，首先发生的变化是在叶腋处形成一个与腋芽原基相似的"双峰结构"。在花序上进行小花的分化，进而花萼、雄蕊、花冠和雌蕊开始生长。当雄蕊花药或雌蕊胚囊发育到一定程度后，传粉、受精和种子的发育便可进行下去。

从禾本科和豆科牧草的生长发育特点可以看出，禾本科牧草由于根系较浅，其抗旱能力相对较弱，而豆科的根系较深，对淹水敏感；豆科牧草其根系具有根瘤，能固定空气中的氮素，因此在肥料运筹上，禾本科牧草需要更多的氮素营养。

3. 杂类草的生长发育特点

杂类草是指禾本科、豆科以外所有的可饲用的植物。杂类草种类非常丰富，包括许多可食牧草。其适口性因家畜种类、牧草生长发育阶段的不同而有很大差异，杂类草虽有某些缺陷或不足，但作为家畜的饲草仍具有十分重要的意义。

在利用方面，杂类草不及禾本科和豆科草，在刈割干草时，茎叶容易粉碎脱落，营养价值更低，但许多种类春季萌发较早，能作为早春的青绿饲草。

（二）牧草的繁殖方式

牧草的有性繁殖和牧草的无性繁殖共同构成了牧草的主要繁殖方式。

1. 牧草的有性繁殖

牧草种子是一代牧草植物或枝条生命活动的终点和结果，也是新一代植物诞生的开端。一年生和多年生牧草的初次栽培，通常是以种子种植的方式进行的。多年生牧草以禾本科和豆科为主。

2. 牧草的无性繁殖

除了具有有性生殖能力，多年生牧草还可以通过地下茎、根茎或分蘖节等方式发展出新的个体或分支。栽培牧草的营养繁殖方式有疏丛型、根茎型、匍匐茎型、轴根型等。

（三）牧草的再生性

1. 牧草的利用寿命

可以按照牧草的生物学特性、生长发育速度与利用特点分为以下几类。

（1）一年生牧草

种子在播种的第一年就能开始繁殖，并在同年完成整个繁殖过程，如苏丹草等。

（2）二年生牧草

种子在第一年是营养生长期，无法开花结果，第二年就会进入繁殖期，开花和结果之后就会死亡，如白花草木樨、苦荬菜等。

（3）多年生牧草

有些种子有着 2 年以上的寿命，在播种后第一年就开始繁殖，有些种子在第二、三年才开始繁殖，最后开花和结果，如黑麦草、红三叶等。

2. 牧草的再生性

牧草的再生性是指牧草被收割或放牧后重新恢复绿色株丛的能力。

分蘖节、根茎或叶腋处的休眠芽的生长，以及不受损的茎和叶片的持续生长，是恢复牧草的重要途径。牧草再生能力的优劣，一般可以通过再生速率、再生次数和再生率来表现。

二、牧草的株丛结构

了解牧草的株丛结构，有助于把握不同牧草的适宜生长特点。多年生牧草的枝条有生殖枝和营养枝两类。茎上具有花序的枝条为生殖枝，一般茎上有 3～5 片叶，通常，生殖枝总重的 20% 大概就是叶片的重量。无花序的枝条是营养枝，通常可分成两类：长营养枝和短营养枝。植物上具有 5～11 个叶片的长营养枝干，叶片重达 50% 以上；短营养枝仅有一条根，没有茎，在叶簇的中心，未来将会长成茎。根据不同的枝条和叶片的生长特性，可以把牧草分成上繁草类、下繁草类和莲座状草类三种。

（一）上繁草类

株高 1 米，较其他株丛更为高大，多数为繁殖枝条，营养枝较长。茎部叶片分布均匀，一般用于割草或人造草坪的牧草栽培。割草后，其留茬产量要占总产量的 5%～10%，如红豆草、无芒雀麦等。

（二）下繁草类

植株较矮，一般为 40～50 厘米，大部分为短生枝条，刈割后的留茬较多，约占总产量的 20%～60%，且其残茬有较高的营养价值，如早熟禾、羊茅等。

（三）莲座状草类

根出叶为叶簇，无茎或茎生叶片。产量低，多见于已退化的潮湿草原上，如凤毛菊、车前等。因为它们低矮，牲畜很少觅食，在过度放牧的地区，这种草的大量存在表明牧区的生态需要改良。

三、牧草的分枝分蘖类型

多年生牧草枝条的形成以及放牧、刈割利用后枝条的再生，主要是以营养更新的方式进行。营养更新与植物的分蘖类型有着极为密切的关系。根据分蘖（枝条的形成过程）的特点，多年生草类可分为以下类型。

（一）根茎型草类

这些植物，除了地上的茎干之外，其他的分蘖节，都是从主干上长出来的，在离母体有一段距离的时候，根须会向上弯曲，穿过泥土，在地面上形成一条树枝，这些树枝会有自己的根须，在一定的距离内，再从泥土中钻出来，形成新的枝条。根茎会在 5～20 厘米表土下生长，当土壤有着良好的通气时，其生长方向是向地下的，但当出现了恶劣的土壤结构时，它就会向地表移动。若表土水分不足，则长势减弱或死亡，因此这类草地放牧时不能过重，时间不宜过长，特别应注意土壤潮湿时不能进行放牧。这类草地适宜割草利用。属于根茎型的草类有无芒雀麦、多花黑麦草、芦苇等。

（二）疏丛型草类

这种草的分蘖节在浅土中（1～5厘米），从主干上伸出一根尖尖的侧枝，然后再长出一根新的枝条，这样，在地面上就形成了不太稠密的树丛。每一代的分支都有自己的根，老一代的树枝会枯萎，根部也会枯萎，在泥土里堆积着许多没有被分解的残渣，新的枝条会从灌木丛的边缘生长出来，草地的生产力因此减弱。可以疏耙和施肥，使新枝从株丛中央长出来。属于这类草的有黑麦草、猫尾草、鸭茅等。这类草广泛应用于栽培，所形成的人工草地放牧不能过重。

（三）密丛型草类

这种草的分蘖节在土表或靠近地表，节间较短，在分蘖节后幼枝生长。它们相互依附在母枝上，并向上生长，形成的株丛形似一个紧凑的小丘，树干的中心是最古老的树干，分蘖节在土壤表面，这是为了适应缺少空气的土壤。同时，分蘖枝紧密，又被死去的、能蓄水的有机质层所包裹，保证分蘖节及嫩枝形成所必需的湿度，并且防御了低温的影响。密丛草类具有较粗糙而分枝少的根，如针茅、羊茅等。该类草生长缓慢、产草量不高，但耐牧性极强，生长年限较长时可形成高大的草丛。

（四）根茎－疏丛型草类

由短根茎把许多疏丛草联结在一起。这是根茎型和疏丛型的结合型。这类草可营养繁殖，也可种子繁殖。它们在疏松、渗透性好且结构良好的土壤上发育良好。该类草占优势的草地，产草量高，富有弹性，是放牧利用的最佳草地。属于这一类的有草地早熟禾、肥披碱草等。

（五）匍匐型草类

植株有匍匐茎，茎节贴近地面能生根，茎节上有芽，芽可生出新枝，进行独立生活，是营养繁殖的一种方式。多生长于温暖潮湿的地区，草层低，产量低，不易刈割和调制干草，但能形成草皮，不怕践踏，耐牧性强。属于这一类的有狗牙根、白三叶、马唐等。草地上如果这类草占优势，是利用过度、草地退化的表现。

（六）根蘖型草类

有垂直的主根，从主根的5～30厘米深处发出水平根，其上具有分蘖芽，能形成新的地上枝。该类草可种子繁殖，也可无性繁殖，如紫荆、刺儿菜、田旋花、小冠花等。

（七）直根型草类

具有垂直的主根，根入土深1.5～2.5米，在主根上生出许多侧根。茎下部与根相连部分有根颈，根颈上发芽，芽可形成新的枝条，每个分枝上常分生侧枝，形成较发达的株丛，当放牧和刈割后，根茎和茎的叶腋间的芽均可再生。可种子繁殖，也可营养繁殖，如紫花苜蓿、红豆草等。

（八）鳞茎或块茎型草类

这类草含有一种特殊的营养更新及繁殖器官即鳞茎或块茎，内有大量营养物质。它们是茎的变态，植株依靠这些营养物质在早春萌发，并能忍受干旱及低温，主要分布于干旱地区。有些植物如葱属的种类是牲畜的抓膘植物，但大多数不为牲畜所采食。

第二节　牧草种植的农艺学常识

一、多年生优良牧草区划种植

划分草地种植区域就是选择适合牧草种植的区位条件，同时为畜牧养殖和改善生态提供便利。草种区划工作的意义主要有这几方面：第一，根据牧草适宜种植条件，既能够为牧草习性提供优质的区域自然环境，以避免破坏生态平衡，又能够为畜牧养殖提供优质的饲料，为人工草地建设提供基础性的选择空间。在区域自然环境的要求下，牧草种植必须符合其自身生长习性，这样才能有效确保牧草种植与生产质量。第二，在确定牧草适宜种植条件后，牧草种植人员可选择适合的生产基地。生产基地是大规模种植牧草的后续基础，不仅可有效解决牧草生产，而且还可为牧草加工和研究工作提供便利。此外，草种区域划分是牧草种子生产研发的优势条件，如根据区划规定，紫花苜蓿种子基地应选择在新疆南疆、甘肃河西走廊一带；红豆草种子基地应选择在甘肃定西市一带；白三叶草及红三叶草种子基地应建立在湖北襄阳市、四川凉山州一带等。第三，草种区域划分是草种播种方式确定的基础。草种种植区域是依据区域自然环境确立的，我国幅员辽阔，各地自然环境存在差异，这会决定人工草地建设类型、草种播种方式。例如，在我国河套平原地带，土质、水文和光照等条件适宜，可选择建设较大面积的人工饲养草地，并选择草种生产与畜牧养殖相结合的草种播种方式，兼顾生态效益和经济效益。

二、牧草地建植和管理技术

（一）人工草地的基本概念

1. 人工草地的定义

在生态系统中，草地具有特殊的存在价值，它拥有可持续更新的自然生长条件，适宜种植草本和灌木植物，同时又能为畜牧养殖提供优质服务。根据有关统计资料数据，世界草地种植面积在陆地总面积中的比重为1/5。综合来看，草地种植为发展畜牧养殖与草种播种提供基础性的空间场所环境，大量的草本植物和灌木植物，则成为畜牧养殖及相关产业的天然养料，同时也成为维持生态平衡、改善区域自然环境的关键。人工草地建设是发展畜牧养殖的前提条件，我国人工草地资源相对较为丰富，约有3.9亿公顷天然草原，但由于畜牧养殖规模较大，人均草地资源拥有量仅有0.33公顷。从这一角度讲，我国更需要保护人工草地资源，既要综合开发人工草地种植效益，又要持续性利用人工草地发展畜牧养殖、生态环境保护等产业。

人们根据区域自然环境条件，利用农业播种等技术，将草种播种在适宜的草地资源中，并对所栽培的草种进行规模性开发，形成人工植物群落景观，以维持区域生态平衡和促进区域经济发展。人工草地建设是基于保护生态系统环境产生的人为农作措施，不仅是对原生植被进行取代，更是将畜牧养殖与草种播种相结合，形成混合式农业用地。

目前，人工草地是获得高产优质的牧草，补充天然草地之不足，满足畜禽生产所需饲料的重要基地。人工草地可用于收割牧草作青饲、青贮、半干贮、干草、也可直接放牧利用。足够的人工草地，对减少家畜因冬、春饲料不足而掉膘或死亡造成的损失，增加畜产品产量，提高土地利用率等，均有着重要的意义。综合而言，人工草地建设为发展规模化畜牧养殖产业提供稳定环境，成为维系生态平衡与自然保护的重要依据，是可持续经济战略的关键。

发展规模化、集约化畜牧农耕产业，要求科学合理建设人工草地。可以明确的是，我国人均草地畜牧面积较小；我国畜牧业现代化程度仍旧存在较大发展空间；依托人工草地形成的畜牧养殖与加工产业链，相较欧美发达国家存在一定差距。以牧草种植较为发达的新西兰为例，根据已有的统计资料显示，新西兰人工草地面积为 1.4 亿亩，草地牧草资源为新西兰畜牧养殖提供约了 70% 的饲养肥料。美国的人工草地每增加 10%，草原畜牧业生产便可提高 100%。中国的人工草地，可追溯到西汉时张骞从西域引入紫花苜蓿种植，经过历代的引入和多次栽培，逐渐形成了一定的规模。人工草地建设具备经济和生态效益，在为畜牧养殖提供季节性饲料的基础上，可为发展集约化草地畜牧产业链提供优质服务。为完善草地农业系统，就必须持续性开发和利用人工草地资源。

2. 人工草地的特点

我国虽然拥有丰富的人工草地资源，但由于人口基数大、畜牧养殖规模大，致使人均草地资源占有量较小，这成为我国畜牧饲料生产紧缺的关键性原因。我国是肉类消费大国，牛羊肉需求量较大，但饲养牛羊等动物需要肥沃且充足的草地，如果草地资源紧缺，会影响畜牧产业发展。根据已有的数据资料，我国南方地区拥有较为丰富的草山、草坡资源，如果能够持续性开发和利用南方草地资源，形成规模化人工草地建设，则能有效缓解畜牧饲料供给紧缺的状况。

既要持续性开发利用草地资源，也要兼顾人工草地生态效益。人工草地资源开发是建立在对自然草地资源生存环境研究基础之上的，人工草地拥有较为平衡的生态系统，以维系区域生态环境。我国云贵高原的一项数据表明，该区域人工草地涵养水源能力要优于自然草地，并且能为草种提供优质的土质生长条件，在人工干预的情况下，该区域草地有机营养元素（包括氮磷钾等）增加了 41%～63%，并有效改善了区域生态环境。

3. 人工草地的建植

高效人工草地的建立，不但需要优良的草种，还需要与适宜的生产技术体系相结合。在生产技术体系成熟完善的基础上，人工草地建设成为发展现代化畜牧养殖产业的关键因素。规模化、集约化是现代化农牧产业的标志，而畜牧养殖又需要充足肥沃的养料为基础，如果不能有效开发利用人工草地，那么反而会加剧对天然草地资源的规模性消耗。从此角度来分析，建设人工草地与利用天然草地资源并不冲突，建设人工草地的本质，是为持续性开展畜牧养殖活动提供有效资源，并缓解由破坏天然草地资源导致的生态环境系统失衡状况。气候干旱、风沙、土地盐碱化、贫瘠等自然因素对人工草地构成直接威胁，而人类的认识水平和实践活动又直接关系到人工草地能否正常发挥作用。我国南方地区，地处亚热带，特有的石漠化等地质地貌和洪涝灾害对人工草地的建植也造成了一定的影响。

人工草地资源是草地畜牧养殖产业能否持续发展的关键因素。根据已有的数据统计资料，我国人工草地面积约占草地总面积的 3%，相对畜牧业发达的欧美等国家，仍有较大提升空间。退耕还林还草是我国一项基本国策，其目的是持续改善生态环境，同时也为建设规模化人工草场提供有效支持。基于人工草地开展的大规模建设与种植，可有效改善已被破坏区域的自然草地生态环境，推动自然草地内部生态链向好发展。为确保人工草地能够科学合理建设，要选择适宜的草地播种与培育技术，规模化铺设灌木、乔木等人工草种群落。

（二）人工草地类型

1. 依据热量带划分

（1）温带人工草地指在温带地区建植的人工草地。从光合作用同化二氧化碳的途径看，多数温带禾本科牧草与豆科牧草由于有相似的习性，故而能混播建植草地。依据地域热量不同又可分为：

①寒温带人工草地，指在北温带地区建植的草地。该地区 ≥ 10 ℃的积温多数在 3000 ℃以内，一般不超过 3500 ℃，主要分布在东北、沿内蒙古高原到青藏高原和川北一线地区，这是我国天然草原的主要分布区，孕育着丰富的牧草资源，是发展人工草地的重要地区。

②暖温带人工草地指在南温带地区建植的人工草地。该地区 ≥ 10 ℃的积温为 3500～4500 ℃，主要分布在黄河流域一带的平原及其毗邻丘陵地区，包括关中、华北等地，这是我国的主要粮食生产基地，在农田发展轮作草地和在山区发展草山草坡畜牧业大有可为。

（2）热带人工草地指在热带地区建植的人工草地。由于热带禾本科牧草属于碳同化 C4 途径，故而难以与 C3 途径的豆科牧草混播，所以这里的人工草地仅为单播草地。依据地域热量不同可分为：

①亚热带人工草地指在北热带和中热带地区建植的草地。该地区 ≥ 10 ℃的积温为 4500～5500 ℃，主要分布在长江中下游一带的多山地区，包括江苏、江西、安徽、浙江、湖南、湖北、云南、贵州等省，这是我国主要的水稻产区。

②极热带人工草地指在邻近赤道的南热带地区建植的人工草地。该地区 ≥ 10 ℃的积温为 5500 ℃以上，主要分布在广东、广西、福建、台湾、海南等省区，适宜于栽培热带牧草。

2. 依据利用年限划分

（1）季节人工草地。这种草地由速生的一年生或多年生草类建成，仅利用一个生长季或生长季中的某一段时间，多用于零散闲地或在农田中套种和复种。特点是生长快、用期短，种一次仅利用一茬，有时不收草直接翻耕作绿肥。可利用的草种有毛苕子、草木樨、小冠花、紫云英、苏丹草、燕麦、大麦、草谷子、青玉米等。

（2）短期人工草地。这种草地由生长较快的二年生或多年生牧草建成，利用年限 2～4 年，常用于草田轮作或饲料轮作中。除生产饲草外，还有养地作用。可利用的草种有草木樨、苜蓿、沙打旺、红豆草、三叶草、老芒麦、披碱草、黑麦草、苇状羊茅等。

（3）长期人工草地。这种草地由长寿命的多年生牧草建成，利用年限至少 6 年，常用于建立畜牧业干草生产基地。可利用的草种有苜蓿、山野豌豆、冰草、糠草、碱茅、看麦娘等。

（4）永久人工草地。这种草地由自身繁衍能力特强的一类牧草建成。例如，羊草、无芒雀麦是以强烈的根茎繁殖方式进行繁衍，胡枝子、小叶锦鸡儿、柠条、羊柴、花棒、梭梭、驼绒藜等是以其强烈木质化和根茎的极强萌生力延续其利用寿命。该草地多是在退化或沙化的天然草地进行耕翻后建植的。

3. 依据牧草组合划分

（1）豆科草地是由豆科牧草建植的人工草地。苜蓿、三叶草等人工草地由于富含氮素与氨基酸，成为畜牧场不可缺少的草料供应基地。在干旱区、半干旱区，沙打旺和红豆草因显著的抗旱性而在建植人工草地中得到更多的应用。在农区和半农区由毛苕子、普通苕子、紫云英、草木樨、苜蓿等建植的豆科草地作为轮作的一个重要组成部分也得到广泛的应用。

（2）禾本科草地是由禾本科牧草建植的人工草地。在湿润和半湿润的寒温带地区，可用羊草和无芒雀麦建植人工草地；在干旱和半干旱地区，可用老芒麦、披碱草、冰草等建植人工草地。这类草地是人工草地的基本形式，一般适于大面积建植，既可作割草地，又可以作放牧地。

（3）混播草地是由豆科牧草和禾本科牧草混播建植的人工草地。这类草地兼有豆科草地和禾本科草地的优点，表现为产量高而稳定、草质优而营养全面，是建植人工草地的最佳方式和发展方向，如苜蓿和无芒雀麦混播草地、苜蓿和披碱草混播草地等。

（4）灌木草地是由灌木型牧草建植的人工草地。这是在干旱地区流动沙丘和半流动沙丘上建植的一种人工草地，由于气候条件和栽培条件恶劣，一般的草本牧草难以建成，用灌木牧草易于建植。这类草地除可提供叶子和嫩枝作为饲草外，还可以作为防风固沙的屏障。常用的草种有胡枝子、柠条、小叶锦鸡儿、羊柴、花棒、驼绒藜、木地肤等。

4. 依据培育程度划分

（1）半人工草地是指在退化的天然草地上经过科学处理后，在保持原来植被不变的情况下，提高了生产力的一种草地。根据采取的措施不同又可分为：

①改良草地。指采用重耙、疏伐和围栏封育等更新复壮措施后发育成的草地。

②补播草地。指通过补播优良牧草种子、增加草地密度而提高生产力的草地。

（2）人工草地是指将退化草地或荒地开垦后，选择优良牧草进行播种并采用科学管理方法进行合理经营利用的草地。集约化是其发展方向。

（3）饲料基地是在城郊附近专业养殖场建立的一种高度集约化管理的草料田，主要生产青饲料、青贮原料和精饲料。所应用的草种多为各类饲料作物，一、二年生豆科牧草和速生的多年生豆科牧草。

（三）轮牧技术

畜牧养殖，本质是指充分利用草地资源开展牛羊等动物饲养，具备人工管护特点。畜牧养殖能够产生一定的经济效益，即将牛羊等饲养类动物转化为市场产品。畜牧养殖对草地资源提出相应要求，光照、水源、土壤等能为草地生长提供优质的生长环境，使草种能够从自然条件中持续获得养分，从而保证放养的草食动物能从牧草中摄取营养元素。同时，确保草食动物能够在光照、水源、土壤适宜的自然环境中得到成长，促进机体健康发育。因此，草地畜牧活动要有充足的自然生态条件做支持，维持正常的畜牧养殖活动。

放牧是草地畜牧业的传统生产方式，因放牧制度不同，其生产效率，尤其是草地的利用率也会差异很大。充分利用草地资源，发挥放牧生产的优势，力争在可能的范围内取得最佳的生态效益，这就要求依据草地合理利用的原理进行划区轮牧。国内外资料表明，实行划区轮牧可以减少牧草的浪费，节约草地资源，增加畜产品产量，同时可以改进植被成分，提高牧草产量和质量。

为保证草地生态效益和经济效益，畜牧养殖人员在划区轮牧方案的指导下，依据草地季节性生长环境条件，将草地牧场划分为多个季节性轮牧区，然后按次序逐区放牧，达到轮回利用的目的，同时也能持续改善草地生态环境，维持草地生态系统平衡。

（四）混牧技术

混牧是有计划地使用不同种类的家畜在同一时期或不同时期内放牧同一块草地。混合放牧的方法在远古时期已形成并延续至今。混合放牧对合理利用草地具有重要的现实意义。在混合放牧中，只要对放牧家畜进行科学的组织和合理安排，就能够进一步扩大和深化合理放牧的效果。

各类家畜的采食特点不同，对草地的影响也不尽一致。在放牧家畜中，山羊最为粗放，绵羊采食的种类要比马广，马的选食性严格，牛和马不相上下。各种家畜的选食性排序大概为：山羊＞骆驼＞绵羊＝牦牛＞牛＝马。此外，家畜采食后的留茬高度也各不相同。马采食牧草的留茬最低，如牧草不足，可啃食牧草的根部。山羊和绵羊采食牧草时，下门齿和硬腭板夹住牧草，将牧草拔下吃，留茬2～3厘米。牛吃草是用舌头将草搅进嘴里再拔下吃进，留茬高度可达5～6厘米。只放牧牛的地段容易形成大量残草的浪费。因此，混合放牧是均衡利用草地、避免草地重牧或轻牧的有力措施。

有了正确的畜群组织，在划区轮牧中，可以采取不同种类的畜群，依次利用。例如，某一牧地在划区轮牧时，牛群放牧以后仍有剩余牧草。虽然不为牛群所喜食，但羊群仍可利用，还能继续放牧羊群。据研究，实行先放牧牛群再放牧羊群的更替放牧，有效地提高了草原利用率。在生产中，采用牛与羊更替放牧时，可增加载畜量38%～40%。

有时在不同年份也可以组织不同畜群的轮流放牧。如果某一放牧地以牧马为主，但几年以后，为马所喜食的牧草减少，不喜食的杂草逐渐增多，呈现植被变坏的现象。为了避免这一现象，可以在牧马2～3年后，放牧1年羊群。

第三节 牧草种植草种的选择

一、牧草种子的常识

（一）牧草种子的含义

种子，在植物学中是指成熟的胚珠，在农业生产中则泛指一切可供繁殖用的植物器官或植物体的某一部分。本节所谈的牧草和饲料作物的种子，包括植物学上的种子（如豆科牧草的大部分种类）和果实（如禾本科牧草的大部分种类），而不包括繁殖用的植物营养体（如根茎、块根、块茎、鳞茎等）。禾本科牧草的种子由整个子房发育而成，称为颖果。

要保证播种质量，除了要准备好苗床（土壤）之外，还要有高质量的种子，即要求种子纯净、饱满、整齐一致、生命力强、发芽率高、健康而无病虫害。

（二）牧草种子特点

牧草种子主要具有以下几个特点：

（1）牧草种子小。

（2）禾本科牧草种子，为单子叶有胚乳种子。

（3）豆科牧草种子属双子叶无胚乳种子。

（4）菊科牧草种子为一个不开裂的单种子果实，内含一粒种子，即瘦果。

（三）牧草种子的贮藏

1. 普通贮藏法

首先选择具备完全干燥度的种子，然后用结实的塑料制品或木制品将种子装进来，最后将种子贮藏在仓库里。

2. 密封贮藏法

首先要完全降低牧草种子的湿度，达到符合密封贮藏的干燥条件，然后用完全密封的容器或其他包装材料将牧草种子全密封。

3. 低温除湿贮藏法

将贮藏库的温度降至 15 ℃以下，相对湿度降至 50% 以下，加强种子贮藏的安全性，延长种子的寿命。冷库中的温度越低，种子保存寿命的时间越长。在一定的温度条件下，原始含水量越低，种子保存寿命的时间越长。

二、牧草种子的选择

选择牧草种子主要考虑两方面：畜牧养殖规模结构和畜牧养殖成本效益。在畜牧养殖规模逐步扩大和成本效益稳定增收的情况下，许多畜牧养殖人员逐渐重视牧草栽培技术。牧草栽培技术是优化牧草种子质量的关键因素，但与牧草种植相关的自然环境条件、畜禽养殖品种也同等重要。

（一）根据畜禽养殖品种选择

畜禽生物习性有所差异，如对采食环境的需求、对牧草质量的适应性等，故选择牧草种子需要确定畜禽养殖品种的生物习性。畜禽养殖资料表明，如果养殖反刍家畜，则应选择植株富含粗纤维的牧草，如饲用玉米、皇竹草、苏丹草、羊草、串叶松香草等。如果畜养奶牛的数量较多，则可选择种植苏丹草，这是因为苏丹草拥有鲜嫩的茎叶。如果平时以畜养家禽类动物（如鸡、鸭、鹅等），则可选择种植富含蛋白的柔嫩牧草，典型的品种有鲁梅克斯 K-1 杂交酸模、菊苣、聚合草、白三叶、红三叶等。籽粒苋牧草比较适合养猪，而苦荬菜则适合养殖鹅类家禽。

（二）根据地理气候条件选择

区域自然气候环境决定牧草自然生长环境，如果不能依据区域自然气候环境而盲目选择牧草种植，则会降低牧草产量和质量。如果草地种植区域气候寒冷，则应选择适合低温或耐寒的牧草品种，如聚合草、鲁梅克斯 K-1 杂交酸模、草木樨、冬牧 –70 黑麦、无芒雀麦、串叶松香草、沙打旺等；如果草地种植区域气候干燥缺水，则应选择抗旱能力强的牧草品种，如苏丹草、沙打旺、籽粒苋、鲁梅克斯 K-1 杂交酸模、羊草、无芒雀麦、披碱草等；如果草地种植区域气候高温炎热，则应选择适合抵御高温侵袭的牧草品种，如串叶松香草、苏丹草、苦荬菜等；如果草地种植区域气候宜人，则应种植适合湿润温和生长环境的牧草品种，如黑麦草、苏丹草、饲用玉米等。

（三）根据土壤地质状况选择

土壤肥沃与否同样会影响牧草的生长质量和产量。因此，在选择牧草品种时，养殖人员需充分考虑区域土质条件。如果区域土质酸性程度高，则应选择种植耐酸的牧草品种，如串叶松香草、白三叶等；如果区域土质碱性程度高，则应选择种植耐碱的牧草品种，如紫花苜蓿、冬牧 –70 黑麦、串叶松香草、沙打旺、鲁梅克斯 K-1 杂交酸模等；如果区域土质疏松，土壤含营养物质成分较低，则应选择种植耐贫瘠的沙打旺、紫花苜蓿、草木樨、无芒雀麦、披碱草等。

（四）多种牧草互补性选择

选择混合搭配牧草品种播种，则应考虑牧草品种之间的互补性。如果将禾本科与豆科牧草品种搭配播种，那么就需要兼顾两类牧草品种的互补效果。通常而言，禾本科牧草与豆科牧草两者间可吸收养分的程度有所不同，豆科牧草拥有的根瘤菌可吸收充足的氮元素，可将部分氮元素补充给禾本科牧草，为其生长提供较为充分的养分。具体来看，适用于禾本科牧草与豆科牧草品种混合搭配播种的组合有：苇状羊茅 + 白三叶或紫花苜蓿、黑麦草 + 三叶草、苏丹草 + 红三叶、无芒雀麦 + 紫花苜蓿、草木樨 + 黑麦草等。而如果是依据生长习性选择牧草品种混合搭配播种，则可保证草地牧草产量，如我国西北半干旱地区，夏季炎热少雨，可种植黑麦草、红三叶、白三叶、紫花苜蓿等耐干旱或高温侵袭的牧草品种。

（五）结合当地资源开发选择

为避免自然资源过度开发利用，养殖人员可依据区域自然资源条件选择牧草品种。由于人工牧草种植耗费时间久、成本较大，故依托有利自然资源优势，可发挥牧草种植的潜力。我国部分地区（如新疆天山地带、内蒙古河套平原地带等）拥有天然的牧场资源，为减少人工干预对区域生态环境的影响，可适当减少人工品种牧草的种植。如果区域牧草品种类型是以禾本科为主，则可选择搭配豆科牧草播种；反之，则可选择搭配禾本科牧草播种。为方便贮存碳水化合物，畜牧养殖人员可选择种植饲用玉米、黑麦草、苏丹草等富含碳水化合物的牧草，将它们与马铃薯茎叶、南瓜蔓、西瓜蔓等含碳水化合物较少的原料混合搭配播种。

第四节　饲草种植的基本模式

一、饲草生产计划制订

实现草畜生产平衡不仅要合理利用天然草地资源，更要建立高产稳产的人工草地，以大幅度提高饲草生产能力，解决草畜生产的季节不平衡问题。人工草地和饲料地建设应该成为草食畜牧业发展的首要任务，为了更好地提高人工草地和饲料地的生产效益，合理的饲草生产计划是必需的。

饲草生产计划首先要与当地实际情况和市场现状相统一，要做到从实际出发，所定方案切实可行。为保证饲草生产计划的顺利实施和各种饲草的及时供应，保证草食畜牧业生产的稳步发展，应在每一年年末做出下一年的饲草生产计划。草食家畜一年中靠天然草地放牧时间比较长，因此编制饲草生产计划时必须详细了解天然草地的生产和饲草利用情况、人工草地的生产情况。现以一基础母羊为600只的羊场准备饲草料150天为例说明饲草生产设计。

（一）饲草需要计划的制订

1.编制畜群周转计划

养羊场对饲草需要量的多少，取决于所养羊的类型和数量，因此在编制饲草需要计划时，首先要根据该场所养畜群类型、现有数量及配种和产羔计划编制畜群周转计划，然后再根据畜群周转计划，计算出每个月所养各类型羊的数量。畜群周转计划的期限为一年，一般在年底制订下一年的计划（表2-4-1）。

表 2-4-1　畜群周转计划

单位：只

组别	年末存栏数	增加			减少				下年年终存栏数
		出生	购入	转入	转出	出售	淘汰	死亡	
母羊	600		100				100		600
公羊	13								13
羔羊	720	720			100	620			0

2. 确定饲草需要量

羊的饲草需要量会因羊种类、生长年龄、性别而有所差异。例如，成年雄性羊与幼年雌性羊之间就存在不同的饲草需要量。那么，如何计算羊群日均饲草需要量呢？可根据饲养标准和饲养人饲养经验来推断（表 2-4-2）。具体计算饲草需要量的公式如下：

饲草需要量 = 平均日定量 × 饲养日数 × 平均只数

平均只数 = 全年饲养总只日数 ÷365

由公式可计算得出羊群月均饲草需要量，同理根据公式也可得出羊群年均饲草需要量。

表 2-4-2　不同类型羊饲草平均日定量参考表（千克）

类别	精饲料	粗饲料（包括干草和秸秆）	青贮饲料	多汁饲料
母羊	0.5～0.8	1.7～2.2	0.5～0.7	0.3～0.5
公羊	0.8～1.2	2.0～2.5	0.5～0.7	0.2～0.8
育成羊	0.4～0.6	1.2～1.8	0.4～0.6	0.2～0.5
育肥羊	0.5～0.8	1.4～2.0	0.4～0.6	0.1～0.3
羔羊	0.1～0.4	0.4～0.8	0.1～0.3	0.1～0.3

除了按上述方法计算家畜的饲草需要量之外，也可根据饲养标准（营养需要）来计算。羊对营养物质的需求分两个方面：一是维持状态的营养需要即维持需要，二是进行生长、肥育、繁殖、泌乳、产毛等生产过程的营养需要即生产需要。羊的类型、生理阶段及生产目的不同，对营养的需求亦不同，这样根据羊种类、生产类型、饲养只数、饲养日数以及每日需要的营养物质，通过饲养标准可计算出全群羊对各种营养物质如能量、蛋白质、必需氨基酸等的需要量，然后再利用饲料营养成分表，分别计算出家畜需要什么样的饲草、需要多少才能满足营养物质的需要。

（二）饲草供应计划的制订

制订饲草供应计划，确定畜牧养殖区所需饲草量和饲草类型是关键依据。第一，饲草供应必须有明确的量级要求；第二，饲草供应必须保证饲草类型与畜牧养殖需求相符。饲草供应人员可详细考察当地自然条件，确定当地饲养方式和具有的饲草资源，然后确定饲草生产加工方式。

在制订供应计划时，首先要检查本单位现有饲草的数量，即库存的青、粗、精饲草的数量，计划年度内专用饲草地能收获多少及收获时期，有放牧地时还要估算计划年度内草地能提供多少饲草及利用时期，然后将所有能采收到的饲草数量及收获期进行记录统计，再和需要量做对比，就可知道各个时期饲草的余缺情况，不足部分要做出生产安排，以保证供应。

（三）饲草种植计划的制订

饲草种植计划是编制饲草生产计划的中心环节，是解决家畜饲草来源的重要途径。

制订饲草种植计划时，需要根据当地的自然条件、农业生产水平、所养家畜的种类、生产类型等因素，选择适宜当地栽培和所养畜种需求的饲草作物，结合农业生产上的轮作、间作、套种、复种和大田生产计划，做出统筹安排，何时种何种饲草、种植面积、收获时间、总产量等都要做好计划安排。若养殖场本身没有足够的土地资源用以种植所需饲草，应根据种植计划和当地农户签订饲草种植合同，以保证饲草的充足供应。

在制订饲草种植计划时，首要问题是确定合理的种植面积，以保证土地资源的合理利用。各种饲草的种植面积可根据下式计算：

某种饲草的种植面积 = 某种饲草总需要量 ÷ 单位面积产量

由上式可知，要确定合理的种植面积，首先要确定各种饲草作物的单位面积产量即单产。由于单产的变化将会引起饲草生产计划各个环节的变动，因此要确定各种牧草的单产，必须要系统地分析历史资料，并结合当前的生产条件，加以综合分析，使估算的单产与生产实际相吻合。估算各种作物秸秆产量时可根据下列公式进行：

水稻秸秆产量 = 稻谷产量 × 0.96（留茬高度 5 厘米）

小麦秸秆产量 = 小麦产量 ×1.03（留茬高度 5 厘米）

玉米秸秆产量 = 玉米产量 ×1.37（留茬高度 15 厘米）

高粱秸秆产量 = 高粱产量 ×1.44（留茬高度 15 厘米）

谷子秸秆产量 = 谷子产量 ×1.51（留茬高度 5 厘米）

大豆秸秆产量 = 大豆产量 ×1.71（留茬高度 3 厘米）

（四）饲草平衡供应计划

饲草供应水平以生产能力为基础，而饲草生产能力很大程度上又取决于区域自然环境条件。为保证饲草供应平衡，满足畜牧养殖人员对饲草的全年需求，饲草供应人员就需要确定饲草生产与饲草供应之间的关系，在保证不破坏饲草生产自然环境的基础性前提下，有计划地供应饲草。

第一，饲草的供应数量要和需要量相平衡，为此要编制饲草平衡供应表，对余缺情况做出适当调整，求得饲草生产与饲草需要之间的平衡。为了保证饲草的平衡供应，必须要建立稳固的饲草基地，除了本单位进行种植生产外，也要和周边农户建立稳定的合作关系，保证饲草的种植面积。第二，要进行集约化经营，通过轮作、间作、套种、复种，以及采用先进的农业技术措施，大幅度提高单产。第三，通过青贮、氨化、干草的加工调制及块根、块茎类饲料的贮藏，解决饲草供应的季节不平衡性。第四，要大力发展季节型畜牧业，充分利用夏秋季节牧草生长旺盛，幼畜生长速度快、消化机能强的特点，实行幼畜当年肥育出栏，以解决冬春饲草供应不足的矛盾。第五，实行异地育肥，建立牧区繁殖、农区育肥生产体系：广大牧区由于饲草供应不足，导致育肥家畜生长速度慢、肉质差、效益低，同时也加重了草地压力；而饲草资源丰富的农区有大量的秸秆资源尚未得到合理利用，每年将牧区断奶幼畜输送到农区进行异地育肥，既可减轻牧区草地压力，改善当地饲草供应状况，又可充分利用农区饲草资源，从而建立起良好的草畜平衡生产体系。

在制订饲草生产计划时，为了防止意外事故的发生，通常要求实际供应的数量比需要量多出一部分，一般精料多 5%，粗饲料多 10%，青饲料多 15%，此即保险系数。在种植计划中，一般要保留 20% 的机动面积，以保证饲草的充足供应。

二、饲草种植模式

（一）播种

播种是牧草饲料生产与加工的前提，播种技术对牧草饲料产量和质量产生直接影响。播种环节主要涉及播种时间、播种品种数量、播种方式等。

首先，分析播种时间。牧草生长习性主要受自然环境条件的影响，其中光照和温度是主要影响因素。如果牧草播种时间不符合牧草生长习性要求，则会影响牧草质量和产量。我国华北地区夏季光照充足，雨水资源充沛，可在此季节播种冬性多年生禾本科和豆科牧草。例如，河南省适合在夏末秋初时节播种多年生禾本科牧草和豆科牧草，此时正值季节更替时期，土壤地表温度恰好适宜牧草生长，同时由于初秋季节杂草和病虫害的减少，可保证牧草在苗期的生长条件或存活环境，最重要的是该类牧草品种具备抵御严寒的能力。

其次，分析播种品种数量。牧草品种播种数量多少，会直接影响牧草作为饲料用途供应的程度。但播种数量和间距不能过多与过密，这样才能保证牧草在生长期间能够获得充足的光照、水源和氧气。确定牧草品种播种数量，要结合牧草品种生长习性、栽培用途和自然环境条件等因素综合考虑。具体可参考实际播种量的计算公式：

实际播种量（千克／亩）＝种子用价为 100% 的播种量 ÷ 种子用价（%）

例：紫花苜蓿种子用价为 100% 时的播种量是 0.75 千克／亩，已知纯净度为 95%，发芽率为 90%，实际播种量则为：

紫花苜蓿的种子用价 =95%×90%=85.5%

紫花苜蓿每亩的实际播种量 =0.75/85.5%=0.87（千克）

再次，分析播种方式。具体来说，牧草播种方式可分为条播、点播和撒播等。条播是目前牧草播种广泛采用的方式，而在机械化播种程度逐渐加深的情况下，人工点播方式仍然具有较强的适用性。不同种类的牧草品种要求的播种间距或行距不同。如播种豆科牧草时，播种人员应保留较宽的行距；而在播种禾本科牧草时，播种人员可适当缩小行距。此外，牧草播种不能深浅不一，这样会影响牧草出苗率。如果牧草播种区域地势崎岖，则可在陡坡地带采用挖穴点播的方式。撒播不考虑牧草种子的行间距和深浅度，一般适用于山区、沙漠地带。

最后，分析播种深度。一般来说，牧草品种类型、规模和墒情决定了牧草播种的深浅程度。如果选择大粒的豆科类牧草品种，可适当加大播种深度；如果播种区域土质疏松，土壤墒情差，那么可以适当加大播种的深度，但播种深度最好不要超过6厘米。

（二）种植模式

间作、套作、混作，是牧草种植的主要模式。间作是指分行或分带相间种植两种或两种以上作物，但必须保证所有播种的作物在同一块土地和同一生长期内。常见的间作搭配，如玉米行间作大豆等。套作是指依据作物生长周期依次播种，即在留出播种间距的前提下，当前茬作物将要收获时，在预先留出的播种间距内种植后茬作物，其目的就是最大化利用土地种植空间。常见的套作搭配，如小麦套作玉米等。混作是指在同一播种范围内同时种植两种或以上不同类型的作物，该种植模式尤其适合牧草饲料作物播种，常以草场或草坪的形式出现。

1.牧草及饲料作物混播的优越性

（1）增加播种产量

如果采用混播的种植模式，其产量就比单播种植模式高14%以上。例如，禾本科类牧草品种与豆科类牧草品种混合播种，豆科类牧草中的根瘤菌就会为禾本科类牧草提供生长所需的氮元素，最终就会相应提高牧草混播产量。

（2）改善播种质量

牧草品种混合播种，可有效缓解在单一播种模式下产生的牧草质量差的问题，有效提高牧草品质效益和畜牧产品质量。国外曾对牧草品质对畜禽类动物体质影响做过研究，在混播草地上放牧养殖，就会显著提升畜禽类动物体内营养成分。这表明，选择混合播种模式，既能有效改善牧草品质，又能有效增加畜禽类动物体内营养物质，提高畜牧产业经济效益。

（3）便于播种后的管理

混播种植并不意味着会增加管理难度，反而会减轻管理压力，如缠绕型作物与直立型作物混合播种，就可有效减轻牧草倒伏问题。在选择禾本科类牧草与豆科类牧草混合播种时，禾本科类牧草叶片不易脱落，相对于豆科类牧草，禾本科类牧草虽然容易单独青贮，但所含的蛋白质营养成分却较少，并且拥有较多的碳水化合物，如果选择与蛋白质、水分较多的豆科类牧草混合搭配播种，则会增加牧草品种的生存率，提升牧草作为饲料用途的品质。

（4）提高土壤养分

不同品种的牧草拥有不同的营养成分，将两类具有营养成分差异的牧草混合搭配种植，可显著提高土壤中的养分。例如，豆科类牧草拥有的根瘤菌，能产生固氮的作用，如果将豆科类牧草与禾本科类牧草混合搭配种植，则可显著改善土壤适宜种植的性能，增加土壤中的氮物质元素。在混合播种的模式下，牧草种植深浅程度存在差异，牧草种植程度较深的根系部分会在土壤中转为腐殖质，增加土壤肥沃程度。此外，豆科类牧草可从土壤深层中吸收钙物质元素，而禾本科牧草须根系则具有分割土壤颗粒的能力，两种牧草混合搭配种植，可生成水稳性土壤团粒结构。

（5）降低病虫害和杂草对牧草生长的干预

采用混合播种模式，可有效抑制杂草群落对牧草成苗时期的影响，如果杂草群落生长存活的概率降低，那么同牧草种子出苗生长的概率也就相应降低，牧草成长环境得到显著改善，牧草品种质量和数量就会提高。对种植人员来说，应该相应提高牧草混播时的密度，降低杂草群落的存活概率。禾本科类牧草拥有较强的抗病虫害能力，搭配豆科类牧草混合种植，可有效减少病虫害对牧草生长的影响，同时增强牧草根系物分泌抗病虫害物质的能力。

2. 混播牧草的选择及组合

（1）需依据区域自然条件选择混播牧草

多年生豆科类牧草和禾本科类牧草本身就具有混合播种的优势，如果能够遵循牧草在区域内的生长习性，按照区域自然条件混播，就会提高牧草的品质，如抗逆性和再生性等。

（2）需依据牧草类型成分选择混播牧草

具体来说，不同类型品质的牧草拥有不同的生长年限，种植人员确定牧草种植利用目的后，可选择三种或以上牧草类型。如果想要通过种植牧草恢复土壤肥沃度，那么就可选择混合搭配禾本科类牧草和豆科类牧草种植，即常见的上繁疏丛型，如苇状羊茅和苜蓿，这两类混播作物可种植2～3年。如果想将牧草作为收割后的饲料或用于其他用途，那么在混合搭配种植时，要保证两类牧草能够同时发育，并且具备相似的适宜生长周期，如牛尾草、鸭茅、苜蓿、红豆草、沙打旺等混合搭配种植。

3. 混播牧草的播种

（1）确定混播牧草播种量

确定混播牧草播种量和确定混播牧草组合类型同等重要，这是由于混播牧草数量的多少，会影响混播牧草产量及质量。播种人员必须结合区域自然环境条件和播种目的，综合调整牧草播种数量。

混播牧草播种量包括对混播牧草成分比例的调整，牧草成分是指牧草具有的生长习性、生长周期、生长用途等要素。结合区域自然环境条件分析，如果区域气候条件温和湿润，那么在禾本科类牧草和豆科类牧草混合播种时，可适当增加豆科类牧草播种比例。此外，也可根据利用年限（即生长周期）综合考虑混播比例。（见表 2-4-3）

表 2-4-3　混播草地禾本科牧草与豆科牧草种子配合比例（%）

利用年限	豆科牧草	禾本科牧草	禾本科牧草中	
			根茎和根茎疏	疏丛型
短期草地（2～3 年）	65～75	25～35	0	100
中期草地（4～7 年）	25～20	75～80	10～25	75～90
长期草地（8～10 年）	10～8	90～92	50～75	25～50

在确定牧草混播比例后，要计算牧草混播数量，具体计算公式如下：

单类型牧草播种数量 × 混合类型牧草播种比例 = 各牧草播种量

将得出的各牧草播种量简单相加后，就可计算出牧草混播数量。由于牧草品种质量存在差异，为保证牧草混播产量和质量，就要考虑增加混播牧草播种量。通常情况下，三种以上牧草混播时，要在原有混播牧草播种量基础上增加 25%，依此类推，当六种牧草混播时，就要在原有混播牧草播种量基础上增加 50%。

（2）确定混播牧草播种期

由于混播牧草生长习性差异，不同品种牧草对区域光照、水源、土壤等自然条件需求存在不同。所以在确定混播牧草播种期时，就要考虑自然环境条件的影响。例如，各牧草生长习性都相同，即都适合在春季或冬季生长，那么就应该将混播牧草播种期确立在春季或秋季。

（3）确定混播牧草播种方法

常见的混播牧草播种方法主要有四种。首先介绍第一种，即同行播种。简单来说，就是在同行距 15 厘米范围内播种各类牧草品种。第二种是交叉播种，就是将各类牧草品种依次交替播种，即同行与同列形成垂直关系。第三种是间条播种，又分窄行间距、宽行间距和宽窄间距相同的条播种植模式。其中，窄行行间距保持在 15 厘米，炎热少雨的干旱地区应该采用窄行间条播方式；宽行行间距保持在 30 厘米，温和湿润且土壤肥沃的地区应该采用宽行间条播方式；宽窄间距相同，采用条播方式，在宽行播耐光照牧草，在窄行播耐低温牧草。第四种是撒条播。即撒播和条播两种方法混合使用，行距保持在 15 厘米。

（4）确定保护播种

一年生禾谷类作物可与多年生牧草混合播种，并且一年生禾谷类作物可有效保护多年生牧草。因此，保护播种模式就是将禾谷类作物与牧草混合播种，一年生禾谷类作物在牧草生长中主要起保护作用。

在一年生禾谷类作物的保护下，杂草对牧草前期生长的抑制作用显著降低，而且牧草生长期间所需的水源、土壤条件也较为充足。

茎叶稀少、耐风蚀、生长周期短，是确定一年生禾谷类保护作物的标准。符合这类标准的禾谷类作物主要包括大麦、燕麦、谷子、玉米等。

保护播种技术主要涵盖播种量、播种期、播种方法三个方面。

首先是播种量。其中，多年生牧草播种量保持和单播量一致，保护作物播种量则要适当减少 20%～25%，这样可为牧草提供稳定的生长环境。

其次是播种期。同时混播保护作物与多年生牧草，能够减少时间损耗。当然，也可提前 10 天或 15 天播种多年生牧草，然后再播种保护作物，这样可减少保护作物对牧草生长的干预程度。

最后是播种方法。一般来说，保护作物与多年生牧草混合播种，主要使用同行条播、交叉播种和行间播种这三种方法。其中，同行播种是指在同等行宽内共同播种禾谷类作物与多年生牧草，该方法可有效节省播种耗费的时间，但却难以确保播种质量：一方面是因为两类种子大小存在差异，另一方面是两类种子适宜播种的深浅程度不一。交叉播种是指先条播一类种子，然后按照垂直关系播种另一类种子，该方法可有效提高播种质量，但却耗时耗力。行间播种又称间行条播，即每行依次播种保护作物与多年生牧草，为有效发挥保护作物对牧草的保护作用，牧草与保护作物间的距离应为 15 厘米，待保护作物收获后，牧草仍需保持与保护作物先前的行距。总体来说，行间播种可兼顾播种质量效益和播种时间效益。

第五节　牧草生长发育与环境的关系

一、光与牧草生长发育的关系

（一）光照强度

1. 光饱和点

光饱和点是指光合强度不随光照强度的增高而增加，光照强度虽然到达一定数值，但是光合强度却到达饱和点。光饱和点具体表现光合强度与光照强度的关系，光合作用保持一定水平而不再增加的光照强度临界点即为光饱和点。

2. 光补偿点

光合作用下植物吸收的是 CO_2，呼吸作用下植物则会呼出 CO_2。植物通过光合作用制造的有机物质与呼吸作用消耗的物质相平衡时的光照强度称为光补偿点。

（二）光照时间

在光合作用的影响下，植物会根据光照程度做出节律性变化，在白天和黑夜表现较为显著的生理响应差异，这被称为光周期现象。

光照程度会对植物生理性反应产生影响，部分植物对光照时长要求较高，即光照时长日均达到 12 小时以上才能产生开花或结果的行为，这类植物被称为长日照植物，常见的有鸡脚草、多年生黑麦草。另一部分植物对光照时长要求不那么高，即光照时长日均在 12 小时以下就会产生生理性反应，这类植物被称为短日照植物，常见的有大豆、甘薯等。还有部分植物则是适应区域光照日平均时长，这类植物被称为中日性植物，如甘蔗。最后一部分是对光照时长没有过多要求的，即无论光照时长较短还是较长，都能产生生理性反应，这类植物被称为日中性植物，如四季豆等。

（三）光质（光谱）

太阳光谱中波长 380～760 nm 的可见光直接参与光合作用。

二、温度与牧草生长发育的关系

温度基点会对植物阶段性生长产生影响。初期成苗阶段，植物生长所需温度要适应最低温度；中期发育阶段，最适宜的温度才会有效加快植物的生长速率；停止生长阶段，植物生长速率受高温条件的影响降低。区域气候条件变化会影响温度基点变化，最终影响植物生长发育。

根系植物养分吸收程度与土壤表层温度有关。一般来说，当土壤表层温度在 15～25 ℃时，根系植物养分吸收最为适宜；当土壤表层温度在 0～30 ℃时，根系植物养分吸收速率与温度调节变化呈正相关；当土壤表层温度在 0 ℃左右时，根系植物养分吸收速率就会降低，影响植物代谢功能的发挥。

春化作用：低温促进植物由营养生长向生殖生长转化。

三、水分与牧草生长发育的关系

水在自然界生命机体中具有重要的作用，它参与自然界生命机体内部的代谢过程。植物生长发育时所需的各种有机物质或无机物质，都需要水作为调节物质代谢的溶剂。

缺少水分会影响牧草生长发育速率，牧草需水系数是指牧草代谢过程中需要消耗的水量，牧草需水系数受品种和生长发育阶段而调整变化。

四、空气与牧草生长发育的关系

（一）CO_2 对植物生长发育的作用

CO_2 吸入量会对植物光合速率产生影响，而 CO_2 又是植物光合作用过程中的主要中介物。如果植物在光合作用过程中同时吸入和呼出的 CO_2 量保持相等，那么据此就能测出环境中的 CO_2 浓度，即 CO_2 补偿点。从这一角度分析，光照强度变化与 CO_2 补偿点变化是相互联系的。牧草品类不同，CO_2 补偿点同样有所差异，牧草种植人员可通过施用有机肥料调节土壤表层的 CO_2 释放量。

（二）N_2 对植物生长发育的作用

豆科植物根茎部含有固氮菌，除能利用已吸入的氮气参与机体代谢，还能为其他科类植物提供机体代谢所需的氮气。牧草混播过程中，种植人员可选择豆科类牧草与其他科类牧草搭配，为牧草在生长发育过程中提供所需的氮营养元素。豆科植物根茎部含有固氮菌的固氮能力也因种类而有所差异。

五、矿质营养元素与牧草生长发育的关系

矿物质元素为植物机体酶活性调节提供必要的支持，同时参与植物机体细胞结构物质的组成过程。多数植物机体内含有大量的 C、H、O、N、P、K、S、Ca、Mg 矿物质元素，还含有小部分微量矿物质元素，如 Fe、Cl、Mn、Zn、B、Cu、Mo、Na。

一般而言，氮、磷、钾是参与植物代谢发育的主要矿物元素。氮（N）元素充足时，植物根茎发育完好，叶系部分呈鲜绿色，可吸收较为充分的光照，促进自身代谢生长。磷（P）元素充足时，植物根茎发育速率加快，植物叶系分支繁茂，抗逆性较强。钾（K）元素充足时，植物参与蛋白质合成的能力增强，光合产物运输的营养元素能够增进自身代谢发育。

六、土壤与牧草生长发育的关系

（一）土壤组成

土壤能够为根系植物生长发育提供所需的营养元素，包括各种矿物质元素（如原生矿物、次生矿物）、各种有机物质（如腐殖质、微生物、有机肥料等）。此外，土壤表层疏松结构会影响土壤涵养水分和空气的能力，进而对植物生长发育产生影响。

（二）土壤主要性状

土壤表层疏松程度主要受土壤质地影响，即土壤各粒级土粒含量的大小。常见的土壤质地主要分为三种，分别是砂土、壤土和黏土。

（三）土壤质地与土壤肥力的关系

1. 砂土类

砂土表层颗粒孔隙较大，拥有较强的空气流通性，虽然能为微生物提供活

动的场所，加快微生物参与有机质分解的速率，但涵养水分的能力较弱，并且有机质营养成分流失较快。因此，在砂土中施用有机肥料，可减缓肥料参与植物机体代谢的速率。由于砂土空气流通性较强，温度调节能力相对较弱，砂土表层温度早晚差异显著，适合耕种块根、块茎类植物，在光合作用下增加淀粉积累量。

2. 黏土类

黏土表层由毛管孔隙和无效孔隙组成，颗粒孔隙较大，其内部流通性较差，拥有较强的涵养水分的能力，但由于气体难以有效挥发，致使微生物参与有机质分解的速率降低，输送肥料的能力就减弱。在黏土中施用有机肥料，虽然养分挥发缓慢，但却能够保证肥料养分不流失。由于黏土空气流通性较差，温度调节能力相对较强，土壤表层温度早晚差异较小，不适合在黏土中耕种幼苗。

3. 壤土类

分布最广泛，适合农业耕作与生产，具有砂土类、黏土类共同的优点。

（四）土壤结构

1. 团粒结构

呈球状的土壤颗粒结构，每个土壤颗粒直径约为 0.25～10 毫米，具有较好的涵养水分能力，是适合农业耕作生产的土壤结构。团粒结构在干旱地区分布较少，由于干旱地区雨水条件差，只分布类似团粒结构且涵养水分弱的土壤结构体。

2. 土壤孔隙

土壤颗粒内部能够流通气体和水分的空隙。

3. 土壤孔隙度

土壤孔隙大小容积量与土壤整体容积的比例，即为土壤孔隙度。一般来说，土壤孔隙度为 52.3%～62.3% 时，适合农业耕作与生产。

（五）土壤吸收性能

1. 机械吸收作用

土壤内部拥有多个孔状空间结构，它们根据空隙容积截留大型土壤颗粒和肥料渣滓，保证内部土壤颗粒不向外流失。

2. 物理吸收作用

土壤内部颗粒表层附着大量的营养物质，包括以气态或液态形式存在的水分子，具有较强的物理吸收作用。

3. 物理化学吸收作用

土壤胶体微粒中存在的电荷离子，可与土壤胶体微粒表层附着的溶液电荷离子发生反应，正负电荷离子产生转化作用后，维持土壤胶体微粒电荷离子动态平衡运动。

4. 化学吸收作用

土壤颗粒固着的水分溶液存在电荷离子，与可溶性盐类离子发生化学反应后，土壤表层就会产生难以溶解的化合物。

5. 生物吸收作用

根系植物可选择性吸收土壤养分，土壤颗粒孔隙特征决定土壤表层养分吸收程度。土壤可吸收各种腐殖质养分、水分养分和气体养分，并为根系植物输送吸收的养分。

第六节　牧草生长发育与肥料的关系

通过输送肥料促进牧草生长发育，可有效改善牧草产量和质量。这表明，施肥可为植物代谢提供必要的物质基础。

土壤本身含各种营养元素，具有一定肥力。因而施肥只是给土壤补充供给植物生长发育所缺少的必需营养元素。在一定的气候条件下，施肥的效果主要取决于土壤性质、作物种类、肥料种类、施肥量和施肥时间等等。即使在土壤、气候和农业技术条件完全相同的情况下，由于作物的种类和生长发育阶段不同，对营养元素的需要量（吸收量）也不同。同一种植物生长在不同的土壤、气候条件、农业技术条件下，对营养的需要量也是不同的。盲目施肥只会降低施肥效果，影响种子生长发育。掌握科学的施肥方式方法，必须分析各品种牧草的生长发育习性，包括对区域光照、水源、土壤及空气的适应性，保证各类品种能够获得充足的养分，达到高产优质的目标。

总的来说，禾本科牧草本身不具有固氮能力，因而对氮肥的反应灵敏，施氮肥可以大幅度提高产量和牧草的粗蛋白质含量。豆科牧草具有根瘤，能固定空气中的氮素满足自身生长发育的需要。因而，除在幼苗阶段外，一般不需要追施氮肥，如果在生长期间供氮过多，反而会使之"懒惰"，影响其根瘤的形成和固氮能力的提高，但对磷、钾肥的需要量较大。在禾豆混播的牧草群落中，豆科和禾本科牧草在吸收磷、钾上有一定的矛盾，因此要及时给以补充，特别在潮湿多雨的地区要足量施钾，以缓和争钾的矛盾。

一、肥的种类

（1）氮肥

铵态氮、硝态氮、酰胺态氮、铵态氮的共性为易溶于水，是速效养分。肥料中的铵离子可被土壤胶体吸附，不易流失。遇碱性物质分解，易挥发。在通气良好的土壤中铵态氮转化为硝态氮。

硝态氮：易溶于水，是速效养分，吸湿性强。硝酸根离子不能被土壤胶体吸附，易随水流失。在一定条件下，硝态氮转化为分子态氮，丧失肥效，易燃易爆。

酰胺态氮（尿素）：易溶于水，吸湿性不大。可被土壤吸附，在土壤中转变为碳酸铵。适合作基肥、追肥、种肥和根外追肥。

（2）磷肥

磷肥包括弱酸溶性磷肥、难溶性磷肥、水溶性磷肥。

水溶性磷肥（过磷酸钙）：酸性肥料，具有吸湿性和腐蚀性。在贮藏过程中容易吸湿结块，变成难溶性磷，肥效降低。可以作为基肥、追肥和种肥，集中施肥效果好，可与有机肥料混合施用。

弱酸溶性磷肥（钙镁磷肥）：碱性肥料，不结块，无腐蚀性，物理性状好，便于贮藏、运输和施用。适宜作基肥施用，尽早施用，不能作追肥。施在苕子、蚕豆、瓜类作物上效果好。

难溶性磷肥（磷矿粉）：不溶于水也不溶于弱酸而只能溶于强酸。施用在吸收磷能力强的豆科作物上（苜蓿、苕子、羽扇豆）。

（3）钾肥

硫酸钾、氯化钾、草木灰硫酸钾、氯化钾均属于生理酸性肥料。

氯化钾：可作基肥和追肥，不能作种肥。适宜与有机肥料、磷矿粉等混合施用。不能施在甘薯、马铃薯等忌氯作物上。

硫酸钾：可作基肥、追肥、种肥和根外追肥。适合各种作物。

草木灰：主要成分是碳酸钾，其次是硫酸钾和氯化钾。碱性肥料，不能与铵态氮、腐熟的有机肥料混合施用。可作基肥、追肥和盖种肥。

（4）复合肥料

氮、磷、钾三要素或其中任何两种元素的化学肥料。

养分种类多、含量高，物理性状好，副成分少。但是养分比例固定，不能满足各类作物在不同生育阶段的需要，难于满足施肥技术的要求。一般氮肥作追肥，磷钾肥作基肥或种肥。

（5）有机肥料

①厩肥：家畜粪尿和垫圈草。

②人粪尿。

③堆肥：用秸秆、落叶、杂草、垃圾等为主要原料，混合不同数量的泥土以及人畜粪尿堆制而成。

④绿色有机肥料：养分全面，含有植物所需的大量元素和微量元素以及胡敏酸、维生素、生长素和抗生素等。有机肥料的养分多呈有机态，需转化植物才能吸收，是一种迟效肥料。含有大量的有机质和腐殖质，对改土培肥有重要作用。养分含量低，施用量大。

二、施肥

（一）基肥

在播种前施入土壤的肥料叫作基肥。基肥一般为有机肥，在深翻前撒开，随着翻地混入土壤较深层，且氮、磷、钾三要素齐全，起长效肥力作用。有机肥施入前必须经过汇制腐熟。在土壤有机质含量较高的土壤上，如牧区的暗栗钙土和草甸土，特别是高山草甸地区，也可不施有机肥。因为该类地区土壤中氮、磷、钾含量丰富，只是因为温度低，土壤微生物活动微弱，矿化速度慢，不能在短时期内释放出可供植物直接吸收利用的速效养分，而表现出缺肥。在这种情况下，用磷肥或磷酸二铵（二铵）作基肥效果较好。二铵中含五氧化二磷（P_2O_5）

46%～48%、含氮（N）18%，水溶性好，是较理想的氮磷复合肥料。在高寒牧区种草时，二铵最好作种肥施用，效果更好。

（二）种肥

所谓种肥，是指播种的同时施用的肥料。部分幼苗在生长初期阶段需要充足的养分，种植人员在播种时可选择施用磷酸钙肥料或重过碳酸钙肥料，为幼苗生长发育补充养分。过磷酸钙中含有少量硫酸钙，故同时又能给土壤中补充硫元素，适于在缺硫的土壤中应用。重过磷酸钙中不含硫酸钙。前者的 P_2O_5 含量一般为12%～18%，而后者的含量约为46%～48%，是前者的3倍左右。由于磷酸含量高，故称重过磷酸钙或三料过磷酸钙。两者均主要由水溶性磷酸一钙所组成，它易与土壤中的铁、铝或钙离子结合，生成难溶于水的化合物，从而降低了磷的有效性，这种现象叫作磷的化学固定作用。因此，磷肥与氮肥不同，它在土壤中的移动性很小。换句话说，基本上只能与植物根系直接接触的磷肥才能被植物吸收利用。故作种肥利用时，宜施入幼苗根系能伸展到的土层中才能充分发挥肥效。最好的方法是采用分层施肥播种机，将磷肥和牧草种子同时播在同一行内不同深度的土层内，使磷肥处于较种子略深几厘米的位置。这样有两点好处。一是幼苗一旦生根立即就可吸收到种肥。二是种子不会因为与磷肥直接接触而降低出苗率。这是因为磷肥直接与种子接触时对种子有腐蚀作用，降低种子的发芽率。但在田间播种时，实际上种子很少能与磷肥直接接触，故这种影响是很小的，不必担心。磷肥作种肥的施用量（常以 P_2O_5 计算，因各种磷肥和不同厂家的产品有效成分含量不同，一般肥料袋上皆标有 P_2O_5 的含量，当然亦可换算成纯磷量计算），以 P_2O_5 计，一般每667平方米施2.5～10千克，具体应视土壤缺磷情况而定。此外，也常用尿素或其他氮肥和二铵作种肥，但施用量要小，以纯氮含量计算，每667平方米以3千克左右为宜，过量施用会烧死幼苗。氮肥作追肥更适宜。

由于合理施肥是个相当复杂的问题，牵扯的因素很多，上面只论及了施肥的大致情况。这里还要提出一个应特别注意的问题，即各种营养元素之间存在相互作用，因而只有均衡施肥（亦称配方施肥）才能充分发挥肥料效应，以最小的投入换取最大的收入。

第三章　牧草的种植与管理

第一节　土壤准备

一、土壤耕作的任务、特点、作用

（一）耕作的任务和特点

饲料作物生长发育期可分为三个阶段，不同生长发育阶段有不同的土壤、光照和水分需求。土壤耕作，就是利用人工干预来改变土壤表层疏松程度，加快土壤内部空气和水分流通，促进微生物分解，为饲料作物生长发育提供适宜的土壤养分。土壤耕作是对土壤理化性状的调节，是农业生产常见的技术措施。

（1）土壤耕作的任务。土壤耕作必须完成下列基本任务：

①改善耕层构造。使用不同的农机具达到加深、翻转和疏松耕作层的目的，以建立和恢复被破坏的土壤结构特性。这是土壤耕作的基本任务。

②清除前作物的根茬，翻埋肥料，使有机物等物质与耕层的土壤较均匀混合，以便于腐熟和加快分解，提高土壤肥力。

③改善土壤颗粒流通结构，调节土壤涵养水分、输送养料的功能，为微生物分解土壤表层腐殖质提供良好环境，增加土壤肥沃度。

④杂草及病虫害会影响饲料作物的生长发育，通过土壤耕作来破坏杂草、害虫等的存活环境，改善土壤种植条件。

⑤加快土壤表层流通率，促进饲料作物根系充分吸收养分，提高其抗逆性。

总之，土壤耕作的任务就是要为饲料作物生育创造深厚、疏松、平整、肥沃的耕作层及其表面的土壤和环境条件，从而使土壤中的水、肥、气、热状态保持协调，使饲料作物从播种到收获前始终处于良好的土壤和环境状态下，为达成优质、高产、高效的目标创造坚实的基础条件。

（2）土壤耕作的特点。在种植业中，土壤耕作是根据生产需要进行的，一般要完成某项或几项耕作任务。土壤耕作与其他农业技术措施不同之处在于，只是通过机械作用直接改变土壤物理性状的手段而间接地调节了土壤肥力，这不同于灌溉和施肥措施，因为土壤耕作并没有向土壤中直接添加任何有形物质。土壤耕作作业必须要与其他农业技术和措施充分地结合起来、配套实施，才能从根本上改善牧草、作物生长的土壤和环境条件，全面发挥耕作措施的增产效果。此外，在牧草、作物生育过程中土壤耕层及表面状况会受到各种因素影响而恶化，致使耕作效果不能持久。因此，土壤耕作是田间经常性、持续配套作业措施的总称。耕作也是农业生产中耗费劳力和时间最多的措施之一，"一分耕耘，一分收获"就是这个道理。

（二）土壤耕作的技术作用

土壤耕作的各项任务是通过不同的耕作措施来完成的，各种耕作措施需要采用相应的农具和方法，因而对土壤的影响程度和技术作用也各不相同。耕作对土壤的技术作用，可概括为以下几方面。

（1）松土。通过改变土壤表层疏松度，使土壤颗粒流通性更强，保证土壤孔隙可流入空气和涵养水分，为根系作物提供养分。在牧草、作物生育期间，由于降雨、灌溉、人畜和机具行走，以及土壤沉降等因素的影响使土壤逐渐下沉、变紧、毛管孔隙增多，水分不易渗透，极易蒸发，土壤通透性下降，抑制了好气性微生物的活动，导致营养物质分解与释放速度缓慢，土壤肥力下降。由此可见，松土环节对改善土壤表层营养成分具有重要作用，土壤耕作过程中，要根据区域气候环境调节和根系作物生长调节，适当增加或减少松土次数。结构良好的沙质和壤质土，耕层能经常保持疏松，可减少松土次数；在过分干旱和潮湿地区的土壤中耕作，就要经常松土，以调节土壤水分和空气状况，满足饲料作物生长需要；盐碱地松土可防止返盐以及冲洗脱盐效果。气候条件不同，对松土质量的要求也不同。干旱地区要求土壤松得细碎，可以使毛管空隙增加，便于下层土壤水分上升；而非毛管孔隙减少，又能抑制气态水的扩散与蒸发，有利于保持土壤水分。在湿润地区，应使非毛管空隙适当增多，以利于通气和水分散发。因此，要求土块不过分散碎。总之，松土应使表层土壤保持有利于水分渗透和防止水分蒸发的状态，同时既不能使田间土块过大，也不可使土壤粉碎过细。松土的农具有无壁犁、深松铲、耙、中耕器和锄等。

（2）翻土。翻土将耕作层上下翻转，改变土层的位置，具有多方面的作用。饲料作物弃用后，地面上有残茬和散落的杂草种子，一些害虫和病菌也会潜伏在残茬、杂草和表层土壤中，把土壤上下翻转后，可有效掩埋残茬、消灭杂草；由于降雨和机械碾压等原因地表以下 10 厘米左右的土壤逐渐紧实、结构变差，为了改善耕层构造，恢复土壤结构，需要将表土层翻转下去；上层土壤风化作用强烈，微生物活动旺盛；速效养分含量高，下层积累的腐殖质较多，并含有较多的淋溶黏粒、钙质和各种迟效养分。为调节养分在耕层中的分布，促进土壤微生物繁殖，全面熟化耕层土壤，要适时进行翻土作业。翻土的农具主要有各种铧犁，其中以复式犁效果最好。

（3）切土。通过犁、耙等机具切割土壤，使之翻转，散碎。一方面可割断杂草根系及多年生杂草的地下繁殖器官，有效破坏其生活力；另一方面由于切断了土层间的联系，使毛管作用遭到破坏，防止水分蒸发损失，有利于土壤保墒，对盐碱土有防止返盐的效果。

（4）混土。混土能使耕作层的土壤搅拌混合，使土壤的质地和成分均匀一致。在大量施用肥料的情况下，混土对促进土肥相融、调节土壤涵养有机物质的功能有积极促进作用。混土过程中，可以借助犁、旋耕机、圆盘耙等农机器具。

（5）平土。平土的主要作用是使土壤表面平整，便于在播种时深度一致，有利于种子发育出苗。此外还具有减少土壤表面积，抑制土壤水分蒸发等作用。水浇地、水田和盐碱地必须注意平土的质量，一般高差不得大于 3～5 厘米。耙格和木板等农具的主要作用是平土。

（6）压土。简单来说，就是增加土壤表层的紧密度。干旱地区雨水条件薄弱，土壤表层颗粒孔隙较大，养分流失速率较快，故可利用压土减少土壤非毛管空隙，加快下层土壤水分向上流通输送的能力，调节地表土壤水分。在种植根系作物时，利用压土方式可有效增加根系作物在土壤接触的程度，进而提升根系作物的抗逆性，常见的压土农具有各种镇压器和石碾等。

二、土壤耕作的措施和间作、套种、复种

（一）土壤耕作措施

一是深耕。我国是传统的农业大国，古时耕作尤其重视深耕的作用。步入现代社会，随着农业机械化程度的加深，利用农机耕作器具可增加耕作深度，但要控制在 20～25 厘米。

二是耙地。耙地的作用就是改善土壤表层疏松程度，具体步骤为：通过耙碎土块以平整耕地，然后再掺杂土肥改善土壤肥沃程度。各地适宜农业耕作的自然气候条件存在差异，耕作人员需要利用农业器具来完成耙地耕作任务。特别是在复种区，耕作人员必须结合气候条件及时调整播种方案，可用耙地器具（如圆盘耙）稍微耙碎土块，抢抓耕作时机，或者在犁地后用耙地器具（如钉齿耙）重新耙碎土块，然后清除耕作物周围杂草根茎，保护幼苗正常生长发育。为防止出现土壤板结的状况，在幼苗播种后的一个月左右，耕作人员可用耙地器具（如钉齿耙）改善土壤疏松度。

三是浅耕。待前茬作物收货后，耕作人员必须及时重新耕翻土地。浅耕的目的是保证土壤肥力，同时清除影响后茬作物生长的杂草。

四是趟地。为确保翻耕、耙地后土壤表层的疏松程度，利用趟地方式可重新修整土地。趟地深度不应超过 5 厘米，否则会影响耕作后种子的生长发育环境。如果土质条件较好，土壤碎块化程度轻，那么就可以利用趟地方式，减少耕作耗费的时间。

五是镇压。常用的镇压农业器具有镇压器、石碾等，主要功能就是把土块压碎并压实。一般而言，镇压深度应该保持在 3～10 厘米。在前期深耕、耙地、浅耕、趟地后，利用镇压方式可有效提升土壤表层的结实度，使土壤颗粒孔隙流通性降低，增加土壤颗粒涵养水分的能力，为幼苗生长发育提供必要的水源支持。如果是在播种后镇压，那么就能进一步增强幼苗的抗逆性，使幼苗根部能充分吸收地下水分和养分。

六是中耕。作物生长发育中期，使用中耕方式改善作物土壤条件，清除杂草或多余的幼苗，保持作物间距，保证作物能获得充足的光照、水分和氧气，促进作物苗壮成长。常见的中耕器具有手锄、机引中耕机等。

七是开沟、做畦和起垄。开沟，是指使用开沟器具（如铧式开沟犁）打通水源流通的渠道。开沟必须保证灌渠平直，有明确的流向。做畦，是指将平整的土地划分为若干块，以便于后续开展灌溉、施肥、喷洒农药等管理工作。做畦必须突出畦面高度，一般在10～20厘米，可以利用筑埂器或筑埂机构筑畦面。起垄，是指将一部分土壤改造成垄形，一部分作物种植在垄上，另一部分作物则种植在原有耕地上，垄上作物可获得较为充足的空气流通条件和光照条件。

（二）间作套种和复种

农作物种植技术包含间作套种和复种，该项种植技术旨在提高农作物对资源环境的利用程度，通过增加农作物对区域环境的适应能力（即抗逆性），提升农作物种植质量和产量。在我国农业生产中，间作、套种和复种技术得到日益广泛的重视和应用。目前被广泛推广的农业高效立体栽培模式就是对间作、套种和复种技术的综合应用、改进、发展和创新。这些新模式为调整种植业的产业结构，促进优质、高产高效农业的发展正发挥越来越重要的作用。

1. 间作

所谓间作，就是在同一时间内，根据一定的行数比例在间隔种植两种及以上的不同作物种类，间作的不同作物共同生长期较长，一般占整个生育期的一半以上。混作与间作不同之处在于，混作是在同块地同行内混合种植两种及以上的类似作物。但综合来看，间作和混作是共属同种农作物种植方式，都是以最大化地利用土地空间为主要目的，通过布局植物复合群落，以此调节植物生长习性，增加植物群落的抗逆性。在生产上常把间作和混作结合进行。如玉米与大豆间作的同时，又在玉米中混播小豆，这种方式又称间混一体种植，简称间混种。间作和混作的共同点都是同期播种不同作物，而收获期可能相同或不同。

2. 套种

所谓套种，是指不改变种植环境和种植面积，在同等种植区域内依次播种两种品类作物，充分利用土壤耕作环境和空间面积。两种品类作物种植时间上要有先后顺序，前一类作物临近收货时再播种后一种作物，这种播种特征表明，两种品类作物既要有共同的生长周期，又要有各自独立的生长周期。田间套种两种品类作物，是为了增进土地循环使用次数，利用已培植的土地资源，将土壤有机物质输送给其他作物，增加作物含养分程度。带状种植实际上是间作和套种的一种发展形式，是把两种或两种以上作物按照一定规格的幅宽相间同期或分期播入同一块土地，而由作物植株体构成的间隔条带状景观的种植模式。

3. 复种

（1）概念

由于土地耕作生产资源有限，种植者便在有限的土地资源上种植多种作物，以精耕细作的方式改善作物产量和质量。我国仅占世界 7% 的耕地，却满足了占世界 22% 人口对农产品的需求。扩大复种面积，从而提高单位面积年产量是创造我国农业生产奇迹的重要原因之一。

为有效改善土地资源重复使用率，播种人员会在同年内连续种植一茬生作物，保证农用土地在一年内的收获次数为两次或两次以上，这种种植方式就是复种。播种人员既可在一年内连续种植同种一茬生作物，又可依次种植两种不同类型的一茬生作物。如果仅在一年内种植一茬生作物，那么就会降低土地使用效率。

虽然各区域土地耕种面积、种植方式存在差异，但是统计区域内播种面积与耕地面积的比例，即计算区域种植指数，就可得出各区域土地作物种植利用率。当土地种植指数为 100% 时，表明该区域土地作物种植利用率非常高，没有出现荒芜、闲置的情况，但不存在复种的情况。只有当土地种植指数超过 100% 时，才说明具有土地复种的情况。

（2）复种区的基本条件

①水热条件。即区域水源因素和光照因素对复种的影响程度。如果区域内水分供给充足，并且具有适宜的光照条件，那么作物生长就会获得有效积温，有效积温是指作物在光照条件下获得的热量程度。复种区是在同年内连续种植两次及以上不同类型一茬生作物，这对复种区光照、水源提出了较高的要求，复种区全年光照充足、水源充沛，可相应提升作物光合作用速率，光合作用可为作物输送充足的养分，增加作物产量和质量。

②土壤、劳力和农机具条件。

除水源、光照这两类自然因素外，土壤条件也是决定复种区的基本因素。在同块土地上一年内耕作两次，势必会降低土壤肥力。因此，如果区域内土壤肥沃，那么就能达到复种区的基本要求。给土壤及时施用各种有机肥料和化学肥料，调节土壤肥力是满足复种作物对养分需要的主要措施，翻耕前施入 30 吨 / 公顷有机肥，在作物生育期内分批追施氮肥 1～1.2 吨 / 公顷，可增产 15%～10%。复种实际上是人向自然进行的一场争夺时空的战斗，是人类利用、改造和征服自然的农业活动。复种中劳力、时间和机械的投入量和劳动密集程度远远高于单种。据测算，复种用工量是单种的 2～3 倍。机械化是复种环节必须考虑的因素，各种农机器具可有效改善土壤耕作环境，降低杂草、病虫害等对作物生长发育的干扰，增加农作物生产效益。农业机械化是农业现代化的必经之路，加快农业机械化使用效率，需要推动农业机械化操作知识的普及程度。

掌握复种技术要点，对复种区种植人员来说尤为重要。我国北方地区复种区气温保持在 15 ℃以上，为保证复种后作物能够稳定生长发育，种植人员要谨记"抢收抢种"的原则，使后茬作物可及时获得较为充足的光照条件，调节后茬作物光合作用。在复种作物选择和品种配置方面，北方地区上茬作物主要有冬小麦、青稞、大麦、蚕豆、豌豆和油菜等，以冬春小麦为主；下茬作物有玉米、高粱、向日葵、马铃薯、荞麦、绿肥等，在夏季作物收获后复种下茬作物实现一年两熟。复种作物上下茬搭配要因地制宜。

第二节　牧草种子的检验和处理

一、牧草种子的准备

种植的牧草种子选择好品种之后，就是购买牧草种子了。牧草种子的购买需要到有牧草种子经营许可证的商家，这些商家售卖的种子都是有经营包装的。包装上的标签内容包括种子产地、经营许可证编号、种子质量标准等，如果种子是进口的，这些内容在购买的时候要注意看清进口许可证编号等。牧草的品种有很多，也存在着一些差异，因此在播种前必须进行处理。如硬实处理和根瘤菌的接种，有利于种子的萌发，保证播种质量。

牧草在种前要进行选种、浸种、消毒、禾本科牧草去芒、豆科牧草去壳、硬实种子处理和根瘤菌接种等。目的在于提高种子的萌发能力，保证播种质量，为牧草健壮生长创造良好条件。

（一）选种

在播种牧草种子之前需要进行选种，将颗粒不饱满的种子去除，留下干净的、颗粒饱满的牧草种子，选种时常常使用的方法：一是清选机清选，二是人工筛选，三是用水或盐水选种。

（二）晒种

所谓的晒种，就是将种子放到太阳底下摊开晒三到四天，同时，每天进行翻动，频率为三到四次，这样的做法可以促进种子的成熟，将禾本科种子的休眠打破，保证较高的发芽率。

（三）浸种催芽

在播种之前可以用温水对种子进行浸种，以此可以加快种子的发芽。主要的浸种的方法：对于豆科种子来说，5千克的种子需要加温水 7.5～10 千克，需要浸泡 12～16 小时；对于禾本科来说，5 千克的种子需要加 5～7.5 千克水，浸泡浸泡 1～2 天，之后需要放在阴凉处，隔几个小时就翻动种子，在经过一两天之后可以进行播种，如果土壤太干旱了也不能进行浸种。

（四）去芒、去壳

如草木樨等带壳的豆科牧草种子有着很低的发芽率。有芒的禾本科牧草种子在播种的时候会出现很多的困难，影响播种的质量。为了提高播种的质量，需要在播种之前对种子进行处理，去除夹壳和芒。可以采用碾子碾压或碾米机等对种子进行去壳处理；用去芒机去芒，然后风选，这样可以使种子的流动性得到加强，有利于传播。

（五）种子消毒

牧草种子在播种之前需要进行药物的浸种或拌种，主要目的在于预防通过种子来传播病虫害。比如，用 1% 的石灰水浸种可以预防豆科牧草的叶斑病、散黑穗病、秆黑穗病、禾本科牧草的赤霉病等；用 50 倍福尔马林液或 1000 倍的抗菌剂 401 浸种可以预防苜蓿的轮纹病；也可以用种子重量的 6.5% 的菲醌拌种。

（六）豆科牧草硬实粒种子处理

豆科牧草种子中，常含有一定比例的硬实种子，其种皮有一角质层，坚韧致密，水分不能或不易渗入内部，使种子不能发芽。如苜蓿硬粒种子占 10%～20%，草木樨 40%～60%，小冠花 60%～70%，如不经过处理，则硬粒种子不能发芽。处理的方法有：

（1）擦破种皮也称机械处理法。这种方法可使种子表皮裂纹，水分沿裂纹浸入。处理少量种子时，将种子装入双层布袋内，用手揉搓；或将种子平铺在砖地或水泥地上，用砖或布鞋底轻搓。如果处理大量种子，可用碾米机进行处理。处理时间以种皮表面粗糙、起毛、不压碾碎种子而损伤种子胚部为宜。采用此方法，可使草木樨种子发芽率由 40%～50%，提高到 80%～90%；紫云英种子发芽率由 47% 提高到 95%。

（2）变温处理法。将硬实种子放入温水中，水温以不烫手为宜，浸泡一昼夜后捞出，在阳光下曝晒，夜间移至凉处，并经常浇水，使种子保持湿润，2～3 天后，种皮开裂，大部分种子吸水略有膨胀即可播种。变温处理可以加速种子在萌发前的代谢过程，通过热冷交替，促进种皮微裂，以改变其透性，促进吸水、膨胀、萌发。

（七）根瘤菌接种

豆科牧草的根瘤具有与土壤中的根瘤菌共生固氮的能力，可促进牧草的生长发育并且提高牧草的产量和品质。所谓根瘤菌是指寄生在豆科牧草根部能够固定大气中游离氮素的一类微生物。只有在土壤中某一豆科牧草所专有的根瘤菌达到一定数量时，根瘤才能形成。因此，在缺少根瘤菌的土地上播种豆科牧草时，都应接种根瘤菌，以促进幼苗早期形成根瘤及早形成固氮能力。

（1）接种范围

①某一豆科植物栽培于首次种植的土壤上，特别是新开垦的土壤上。

②同一豆科植物经过 4～5 年以后，再次种植同一块土地上。

③当土壤条件不良，如酸性强、缺乏植物必需的营养物质、土壤过于干旱、土壤湿度过高或长期大雨之后，根瘤菌的数量可能减少。当不良条件已改善，再次种植豆科牧草时，可进行接种。

④在耕作不良而地力衰退的土壤上，或改良的低产土壤上。

（2）接种原则

接种前，首先要正确选择根瘤菌的种类。根瘤菌与豆科植物间的共生关系是非常专一的，即一定的根瘤菌菌种只能接种一定的豆科植物种，这种对应的共生关系称为互接种族。根瘤菌可分为 8 个互接种族，同族间可互相接种，不同族间接种无效。这 8 个互接种族是：

苜蓿族：可接种苜蓿属、草木樨属、胡卢巴属的牧草。

三叶草族：仅接种三叶草属的若干种牧草。

豌豆族：可接种豌豆属、野豌豆属、山薰豆属的牧草。

菜豆族：可接种菜豆属的一部分种，如四季豆、红花菜豆、绿豆等。

羽扇豆族：可接种羽扇豆属和鸟足豆属的牧草。

大豆族：可接种大豆属的各个种和品种。

可豆族：可接种亚豆属、胡枝子属、猪屎豆属、葛藤属、链荚豆属、刺桐属、花生属、合欢属、木兰属等属的牧草。

其他族：包括不适合于上述任何族的一些小族，各自含 1～2 种牧草，如百脉根、红豆草、槐、田菁、鹰嘴豆、紫穗槐等族。

二、牧草种子的品质及其检验方法

（一）种子的净度

种子的净度又叫清洁度，是指除去所有的混杂物之后，本种或品种的种子所占的重量比例。混杂物包括废种子、有生命或无生命的杂质等。废种子如无胚种子，腐烂、发霉、破碎和受损伤的种子等；有生命的杂质如杂草种子或本种以外的其他牧草种子、害虫等；无生命的杂质如土块、沙、石、茎叶、果壳、昆虫尸体、家畜粪便等。通常用下式表示：

净度 = ［（供试种子重量 – 混杂物）/ 供试种子重量］× 100%

用净度低的种子播种，常会引起杂草丛生或病虫害蔓延等不良后果，故播种前应对不纯净的种子进行清选、消毒处理。

（二）千粒重和粒级

千粒重即 1000 粒种子的重量。它是表明种子品质优劣的重要指标之一。千粒重不仅因牧草和饲料作物的种类及品种不同而异，也因气候条件、农业技术、土壤肥力和栽培管理条件等不同而有变化。千粒重大的种子充实而饱满，贮备的营养物质多，长出的幼苗强壮；就同一种或品种而言，一般是千粒重越大，播种品质就越优良。千粒重是确定饲草播种量和播种深度的重要依据。其测定方法很简单：将待测种子样品（要有典型代表性）铺放在纸上或桌面上，随机数出 1000 粒纯净的种子后称其重量即得，通常重复 3～4 次，求其平均值。根据千粒重可算出每千克种子的粒数。即：

每千克种子的粒数 =（1000×1000）/ 千粒重（克）

单位面积的播种量，不仅要考虑千粒重，也要考虑每亩需要的株数以及种子的发芽率、发芽势和出苗率等因素。

千粒重与种子收获期关系很大。据对 8 种禾本科牧草的研究表明，乳熟期收获的种子千粒重比蜡熟期的低 6%～40%，较完熟期低 7%～70%；而且，出苗率分别较蜡熟和完熟期的种子低 6%～30% 和 12%～36%。在田间表现出出苗不整齐、幼苗生活力弱，入库后保存时间短，易失去发芽力。

粒级：是用不同孔径的筛子将种子分选为不同的等级，即能通过较大孔径筛子的种子粒级也较大，反之亦然。在生产中常用粒级来表示牧草种子的大小和播种品质的优劣，粒极大的种子较饱满、充实、生命力强，出苗整齐一致，幼苗健壮，豆科植物的硬实率也相对较低。粒级小的种子，其呼吸强度、气体交换能力和吸湿性都比大而饱满的种子弱得多，易失去生活力，因而不宜久贮。

（三）种子的生活力

种子生活力是指种子在适宜的条件下能发芽的能力，通常用发芽率和发芽势来表示。

由于发芽率和发芽势直接影响到播种后田间的出苗率和出苗的整齐程度、作物的密度和产量等，因此在播种前应测定种子的生活力，以便正确掌握播种量，达到高产的目的。测定种子发芽率的工作，对牧草和饲料作物来说较普通粮食作物显得更重要。因为牧草种子一般均经过较久的贮藏时间，而且牧草一般栽培历史较短，或多或少保留着野生性状，种子的成熟时期不一致，成熟度差异较大，因而不同批的种子发芽率和发芽势区别很大。

（四）种子实用价的确定

实用价指该批种子实际可作为播种材料利用的价值，也叫种子生产实用率，用百分数表示：

种子实用价（%）=（种子净度 × 发芽率）/100

种子实用价在生产实践中具有重要意义，可根据它来确定该批种子播种时的实际播种量。

三、种子的处理

许多豆科牧草种子的种皮都具有一层排列紧密长柱状的马氏细胞，水分不易渗入，阻碍了吸水膨胀萌发。苜蓿的硬实率为10%，草木樨为39%。因此，在播种豆科牧草前，应对硬实种子进行处理。

（1）硬实处理。在播种豆科牧草前，应对硬实种子进行处理。处理方法有：一是擦破种皮。可以用碾子碾压或用碾压机处理，也可以将豆科牧草种子与一定数量的碎石、沙砾混合后放于搅拌振荡器中进行振荡，直到种子表面粗糙起毛且未压坏种子为宜。二是变温浸种。此法适用于土壤湿润或灌溉良好的地方。通常是用热水将种子浸泡24小时后捞出，白天放到太阳下暴晒，夜间转至凉爽处，并经常加一些水保持种子湿润，当大部分种子略有膨胀时，就可据墒播种。三是用酸处理。在种子中加入3%～5%的稀硫酸或稀盐酸并搅拌均匀，当种皮出现裂纹时，将种子放入流水中冲洗干净，略加晾晒便可播种。

（2）接种处理。在新垦土地上首次种植豆科牧草，在同一地块上再次种植同一种豆科牧草，或者在过于干旱而酸度又高的地块上种植豆科牧草，都要通过接种根瘤菌来增加根瘤数量。常用的接种方法有：

①干瘤法。就是选取盛花期豆科牧草的根部，用水洗净，放在避风、阴暗、凉爽的地方慢慢阴干，在播种前磨碎拌种。

②鲜瘤法。就是将根瘤菌或磨碎的干根用少量水稀释后与蒸煮过的泥土混拌，在20～25 ℃条件下培养3～5天，将这种菌剂与待播种子混拌。

③根瘤菌剂拌种。就是把根瘤菌剂按照说明配成菌液喷洒到种子上，每千克种子拌 5 克根瘤菌剂。在接种根瘤菌时，不得与农药一起拌种，不在太阳直射下拌种，已拌过根瘤菌的种子不与生石灰或大量肥料接触。接种同族根瘤菌有效，而不同族相互接种无效。

（3）去芒处理。对一些禾本科牧草的种子要进行去芒处理。去芒可以采用去芒机或用环形镇压器进行压切并筛选。

（4）浸种处理。蓼科、菊科牧草的种子在播前将种子浸泡在温水中一段时间如串叶松香草种子在播前应用 30 ℃的水浸泡 12 小时，然后进行播种；鲁梅克斯在播种前要将种子用布包好放入 40 ℃的水中浸泡 6～8 小时，捞出后晾在 25～28 ℃的环境中催芽 15～20 小时，有 70%～80% 的种子破壳时再进行播种。当然在墒情较好的条件下，各种牧草种子也可以进行直播，但应保持土壤湿润。

第三节　牧草种子的播种

一、种和品种的选择

在种植人工草地的时候，首先需要确定的是选用什么草种。草种的种类非常多，因此，在进行实际操作的时候，应该遵循以下几个方面的原则。

第一，草种的选择应该与当地的气候条件相适应，符合当地的栽培条件。气候条件会对任何一种牧草饲料作物产生影响，每一种牧草饲料都有自己独特的生存条件。

气候中有很多的影响因素。首先，温度。建植人工草地成败的关键因素就在于多年生牧草能否安全越冬。牧草可以安全越冬的重要因素有两个：一是在冬天的时候，需要考虑极端低温天气出现的频率和强度、持续的时间、对根部休眠芽（根茎、分蘖节）的危害。对于根部休眠芽直接起作用的温度是耕作层 5 厘米土温。在寒冷的冬天里有积雪的情况下，可以缓解冻害，在实践中在冬季进行冬灌，或者加覆盖物也是同样的原理。二是在早春的时候，返青前异常低温持续的时间、强度都会影响萌动返青芽的生长。在早春气温上升的时候，休眠芽开始萌动解眠，此时处于一个非常活跃和关键的时期，对于温度特别的敏锐，尤其是降温、低温会对休眠芽产生极大的危害，这也是很多牧草无法越冬的重要原因。因而，在进行大面积人工草地的建植时，应该基于以上条件，选择在当地已经引种的、栽培的或者实验成功的优良草种。

其次，降水。降水影响着牧草的生产能力和栽培方式。主要起作用的并非年降水量的多少，更多的是看在牧草生长季节的时候的降水分布是否均匀、降水量是否充沛。通常来说，在年降水量 800 毫米以上的地区，建植人工草地需要考虑排水防涝问题；在年降水量 500 毫米以上的地区，建植人工草地可以使用旱作的方法，不需要灌溉；在年降水量 300～500 毫米的地区，可以使用旱作，但是这种方式并不具有稳定性；在年降水量 300 毫米以下的地区，建植人工草地必须具备一定的灌溉条件。由于每种牧草的耐旱性有所不同，因此，在选用牧草的时候应该因地制宜，根据各地区不同的降水条件，综合考虑栽培条件对牧草进行选择。尽管如此，一般来说，对于牧草来说，抗旱性越强，草质就越差，产量就越低，因此，在进行建植人工草地的时候需要综合考虑，处理好这些矛盾。尤其是保证牧草在正常生长的情况下可以获得高产和优质的饲草料。

最后，土壤。相较于温度和降水来说，对于建植人工草地来说对土壤的要求不是特别高，大部分的牧草对土壤有着较高的适应性。尽管如此，如果选择在砂质地、酸性土壤、盐碱地、黏性土壤上进行建植，应该选择可以适应该种土壤的草种。保证人工草地的高产，土壤是团粒多、土层厚、疏松、肥沃的中性壤质土依旧是重要的条件。

第二，牧草有着生物学特性和生产性能的不同，因此在建植人工草地的时候需要结合人工草地的要求和使用目的，以此为依据，来选择合适的牧草草种。

建植人工草地的目的包含三个方面：一是生产饲草料，二是养地肥田，三是环境保护。建植人工草地的时候应根据具体的情况和要求、目的进行选择。比如，建植人工草地主要目的在于生产饲草料，此时选择的牧草草种应该可以生产出高产的、优质的牧草。以此为前提条件，因为需要的年限会出现差别，可以选择对应的长寿命牧草、短寿命牧草；因为灌溉条件的不同，选择对应的灌溉牧草、旱作牧草，在降水量非常少的地区可以选择耐旱性强的牧草；因为利用方式的差异，可以选择放牧型牧草、刈割型牧草；根据家畜所缺乏的营养，可以选择对应的高蛋白的豆科牧草。人工草地的主要目的是养地肥田，那么在选择草种的时候应选择可以在短时间内还原更多有机物质的牧草，如果一季肥田，就需要选用叶多枝茂的绿肥的牧草。由此可见，在对牧草进行选择的时候需要综合考虑人工草地的主要目的和要求，使牧草的应用效能得到充分的发挥。

第三，应该选择适应性强的、具有较高应用性能的优质牧草饲料作物种。虽然牧草饲料作物的资源非常丰富，但是具有广泛应用性能的牧草也只有数十种，很多的还处于被引种驯化试验阶段或者处于野生的状态。所开发的品种资源也不多，只有以下个别种进行了品种选育和开发应用：苜蓿、沙打旺、三叶草、红豆草、羊草、毛苕子、无芒雀麦、披碱草、老芒麦、冰草、玉米、黑麦草、燕麦等。

二、播种材料及其准备

播种材料主要包括禾本科牧草的颖果和小穗，豆科牧草的种子和荚果，以及其他饲料作物的块茎和块根等材料，这些在生产领域被称为"种子"，这里所提到的种子与植物学上的种子概念是不一样的。在建植人工草地的时候应先确定牧草种或者品种，只有对播种材料的品质关进行严格把控，才能保证种子的出苗效果。与此同时，还应该以各种牧草播种材料的特点为依据，采取相应的预处理措施，保证在播种之后可以达到苗早、苗全、苗齐、苗壮，只有这样才能获得高产。

（一）品质要求

具有高品质的播种材料具有很多相似之处，都具备以下条件。

第一，纯净度高。对于种子来说，种子的纯净度包含两种概念：一是纯度，主要指的是在供试种子中，本种或本品种种子所占的数量百分比，这主要可以反映出播种材料中其他种子与本品种种子的混杂程度，也可以对播种材料的真实性进行反映。二是净度，主要指的是去除混杂物质之后，在播种材料中，本种或本品种种子所占的比重，这可以反映出播种材料中混杂物（生物杂质、废种子、非生物杂质等）的程度。

播种材料如果纯净度很差，不仅会提高播种的成本，使得种子的品质降低，还会影响整体的播种效果。播种纯度差的播种材料一定会出现发生率非常高的杂草，这对牧草的生长会产生很大的危害，严重的时候甚至会出现杂草覆盖牧草的情况。净度差的播种材料中不仅有沙石、泥土、枯枝，还会出现虫卵、病核等，这增加了种子的播量难度，会影响出苗的效果，严重的还会导致病虫泛滥。

第二，籽粒饱满匀称。这主要是对种子成熟的发育程度和发育整齐性的评估。通常来说，种子越饱满，粒级越高，千粒重也就越大，种子的生长势头和发芽力越强。不仅要求种子的成熟发育要完全，还需要保证种子的成熟度要整齐一致。否则很容易导致种子发芽力太弱，或者出现种子的发芽力强度不一，这都会导致种子出苗很少或者不整齐的现象，进一步影响草地的生产能力和水平。

通常来说，会使用千粒重这个指标去对种子粒级的大小进行衡量。所谓的千粒重指的是 1000 粒自然干燥的种子重量，单位为"克"。种子粒级越小，胚所占的比例就越大，种子中所蕴含的营养物质也就越少，营养不足就很难满足出苗的需要和苗期生长发育的需要，苗弱、不能顶土出苗、苗小等现象时有发生。这对牧草的生长和后续产量的收成有着重要的影响。

第三，生命力强。种子的发芽力就是种子的生活力，主要指的是在一定的温度和水的条件下，种子能够成长为健康的、壮硕的幼苗并成功发育成正常的植株的能力。种子的生活力的指标主要有两个。一是发芽率，主要指的是在供试种子数中可萌发的种子数所占的百分比，在实际的运用中，通常会将休眠种子比例的一半计入发芽率，但是需要特别注明，在播种的时候，应根据实际的情况决定要不要进行破除休眠处理。二是发芽势，主要指的是在一定的时间内，供试种子数中，已发芽的种子数所占的百分比，发芽势可以反映出种子萌发的整齐性和集中程度，一般来说，所规定的时间是 3～5 天，个别情况会延长到 7～10 天。

种子的生活力也可用四唑染色图形技术、软 X 射线造影技术等方法进行测定。四唑染色图形技术是利用种子中胚活细胞的脱氢酶释放出的氢与吸收的无色氯化三苯基四氮唑结合，形成稳定而不扩散的红色物质三苯基甲腙，死细胞无此反应，从而推断种子的活性。软 X 射线造影技术是利用胚活细胞对重金属离子有选择性不吸收功能，而死细胞却全部吸收的差异，通过重金属离子对软 X 射线的吸收造影在胶片上反映出来的方法，推断出种子的活性。

测算播种的有效性主要在于评定种子的生活力，在实际的生产过程中常使用价值来对播种材料的有效性进行评定，这主要指的是发芽的种子在播种材料中的所占比重，计算公式如下：

播种材料的种用价值 =（净度 × 发芽率）÷100%

举例来说，某种牧草的净度为90%，80%的发芽率，则这种牧草的种用价值为72%，这也就是说在一千克的播种材料中，可以进行有效利用的部分为720克，另外的部分是无效的部分。播种材料的种用价值会直接影响种子价格的高低。

第四，无病虫害。对于优质的播种材料来说，要求是不能有病虫害，可以在进行播种之前去有关部门对播种材料进行检验，检验带病和虫的情况。如果播种材料中带有病、虫，就需要进行彻底的灭菌灭虫处理，只有在进行处理之后才能进行播种，否则应该尽快烧毁，这主要是因为一些携带病、虫的播种材料会在播种之后逐步扩散，严重影响牧草的品质，使得牧草的产量降低，不仅如此，还会延续很多年，这就需要花费大量的财力、人力和物力去治理和消灭。因此，在播种之前进行病虫害的检查可以有效保障人工草地的建植。

第五，含水量低。在播种材料的运输、贮藏、贸易中，种子的含水量都有着非常重要的作用，与此同时，种子的含水量也会影响种子的寿命和萌发能力。对于高水分的种子来说，在储藏的时候会很容易出现发霉的情况，这对种子的生活力会产生不好的影响，会丧失活性，并且还会增加运输的负担，还会成为影响贸易的重要因素。通常来说，禾本科牧草种子的含水量为11%～12%，豆科牧草种子含水量为12%～14%。

（二）种子预处理

通过对播种材料的检验，可以在播种之前对种子休眠率高和净度差的种子进行相应的处理，并且借助种子包衣技术，提高播种材料的质量和效果。

1. 破除休眠

种子休眠主要指的是在种子处于适宜的温度、气候、光照、水等发芽条件下还不能出现萌发的现象，这在牧草的种植中是一种较为常见的现象。造成这种现象的原因主要有以下两种情况：一种是硬实种子，豆科牧草就是此类，因为种皮结构致密、具有角质层的特性，导致水不能进入种皮，进而休眠；另一种是后熟种子，主要代表是禾本科牧草，因为种胚不成熟而导致种子的休眠现象，在等一段时间之后才能完全发芽。

针对豆科牧草硬实种子，可以通过对种皮结构进行破坏来破除种子的休眠，从而提高发芽率。主要方法如下。

（1）机械性处理。一种方式主要是利用除去谷子皮壳的老式碾米机来进行碾磨，在进行处理的时候应该以种皮擦破起毛但不能破碎为标准，主要是利用产生裂纹的种皮让水渗入。这种方式可以使草木樨种子的发芽率由之前的 40% 到50% 提升到 80% 到 90%。另一种是通过使用强高压迫使种皮产生破裂，让水分进入。据研究，在室温（18 ℃）下采用 202 650 千帕高压，处理 1～2 分钟紫花苜蓿可使发芽率由 50% 提高到 72%～80%，处理 10～20 分钟白花草木樨可使发芽率由 25% 提高到 81%～90%。这里需要注意的是，不同牧草因其种皮特性不同，所要求的高压强度和处理时间是不一样的。

（2）温水处理。对于浸种水温的变化，变温或者高温的处理都能帮助种子种皮膨胀软化，这就会使水分通过裂痕进入种子内，帮助发芽。变温的方式首先是将种子放在温水中浸泡一天一夜，水温不能烫手，之后将种子捞出来，在阳光下暴晒，在晚上的时候放置在阴凉处，通过浇水来保湿，这样在经过两到三天之后，种子就会吸收膨胀，这个时候可以进行播种，这种播种的方式适宜较为湿润的土壤。不同的草种的高温处理时候的水温是不同的，高温水温的不同会产生不同的效果，不同的牧草有着不同的水温，对于水温的敏感程度也是不一致的。在水温达到较高的时候，浸泡种子的时间可以进行缩短。据对三叶草研究，用 28 ℃、59 ℃、78 ℃、98 ℃水温浸种 10 分钟，硬实率分别为 64%、46%、22%、12%。据对蒙古岩黄芪研究，用 78 ℃热水浸种至冷却，72 小时后发芽率由 23% 提高到82.5%。又有人对苜蓿研究，表明在 50～60 吨热水中浸种 0.5 小时即可起到明显的作用。

（3）化学处理。通过一些化学物，比如无机酸、盐、碱等可以对种皮进行腐蚀，同时改善种皮的通透性，这样水可以进入，促进萌发，提高发芽率。徐本美等（1985）人对当年收获的二色胡枝子用 98% 浓硫酸处理 5 分钟，这样发芽率可以由之前的 12% 上升到 87%。王彦荣等（1988）对当年收获的多变小冠花使用 95% 浓硫酸处理，可使种子发芽率由之前的 37% 提高到 81%。

对于禾本科牧草后熟种子，通过加速后熟发育过程，缩短休眠期，达到促进萌发的作用。常用的方法有：

①晒种处理，方法是先将种子堆成 5～7 厘米的厚度，然后在晴天的阳光下曝晒 4～6 天，并每天翻动 3～4 次，阴天及夜间收回室内。这种方法是利用太阳

的热能促进种子后熟，从而使种子提早萌发。

②热温处理，对萌发环境进行适度加温和变温都有助于促进种子提早成熟。加热的温度以 30～40 ℃为宜，超过 50 ℃则可能造成危害，尤其在高湿状态下的高温危害更大。据研究，当新收获的草芦种子的湿度由 25% 上升到 56% 时，其出苗率则由 89% 下降到 39%。加温的方法有很多，如室内生火炉、烧土炕等土法，若利用大型电热干燥箱等设备则可更好地控制作用温度和时间。变温处理是在一昼夜内先用低温后用高温促使种子萌发的方法，一般低温为 8～10 ℃，处理时间 16～17 小时；高温为 30～32 ℃，处理时间 7～8 小时。

③沙藏处理，用稍湿的沙埋藏草芦、甜茅等湿生禾草可显著提高发芽率，埋藏的时间视种类不同以 1～2 月为宜。沙藏依温度不同又可分冷藏（1～4 ℃）和热藏（12～14 ℃）两种，一般热藏效果高于冷藏。据研究，收获 5 个月的草芦，用冷藏处理 15、30、60 天的发芽率分别为 66%、82%、93%，而未经沙藏的对照仅 38%。水甜茅经 15 天冷藏和热藏处理后，发芽率分别为 17% 和 45%，而未经沙藏的对照仅 9%。

2. 清选去杂

对于杂质多、净度低的播种材料应在播前采取必要的清选措施，许多豆科牧草的播种材料常含有荚壳，禾本科牧草常含有长芒、长棉毛、颖壳和穗轴等附属物，这些影响播种质量的杂物应在播前尽可能去掉。清选的方法很多，可依据杂物特点采用相应的方法，有与种子大小和形状不同的杂质可采用过筛方法，有与种子比重不同的杂质可采用风选和水漂方法，有附属物的种子须采用破碎附属物的方法清除掉。清选机械种类很多，应根据含有杂物的特点选用相应有效的清选机具。

长芒和长棉毛是危害播种质量最大的杂物。由于这两个杂物常把种子缠绕在一起，致使播种材料成团块状而不易流动下落，造成播种不匀，因而播前应除去。方法是将种子铺于晒场上，厚度 5～7 厘米，用环形镇压器进行压切，而后过筛去除。当然，也可选用去芒机，常见的是锤式去芒机。这种机具由锤击脱芒、筛离分选和通风排出三部分构成。除去芒外，尚可除去长棉毛、颖壳、穗轴等。

3. 包衣拌种

包衣拌种是指将根瘤菌、肥料、灭菌剂、灭虫剂等有效物，利用黏合剂和干燥剂涂黏在种子表面的包衣化技术。该技术初创于 20 世纪 40 年代，经过数十年的改进和完善，现已成为许多国家作物和牧草栽培技术规程中的一项基本作业，并已在种子贸易中形成商品化。经包衣处理的牧草种子，播种后能在土壤中建立一个细微的适于萌发的环境；对携带有芒或长棉毛的禾本科牧草种子，包衣过程可使芒和毛脱落或使种子包成颗粒状，同时加重种子的重量，从而提高流动性便于播种；对于豆科牧草种子，利用包衣可接种根瘤菌，能有效提高固氮效率；利用包衣技术也可把肥料、灭菌剂、灭虫剂等与种子丸衣化，从而提高播种质量和促进牧草生长发育，这是一项非常有效的增产措施。

包衣过程是通过包衣机械实现的，类似于制药厂生产糖衣药粒的机械，国产包衣机为内喷式滚筒包衣机。制作包衣种子的材料包括黏合剂、干燥剂和有效剂三部分。黏合剂常用的材料有阿拉伯树胶、羧甲基纤维素钠、木薯粉、胶水等其他有黏性的水溶性材料；干燥剂可选用碳酸钙、磷酸盐岩或白云石（碳酸镁）等细粉材料；有效剂包括根瘤菌剂、肥料、灭菌剂、灭虫剂四类。这些可单独包衣，也可混合包衣，有时是每类中的数个性质不同的材料进行混合包衣，但要注意它们之间的排斥性和相克性，如氮肥不能与根瘤菌剂混合包衣，某些能杀死根瘤菌的灭菌剂和灭虫剂也不能与根瘤菌剂混合包衣，同时要注意这些化学物之间是否会发生化学反应而降低药效。

包衣方法是先用已配制好的黏合剂倒入根瘤菌剂中（禾本科牧草无需这一步）充分混合，然后利用包衣机将混合液喷在所需包衣的种子上，边喷边滚动搅拌，直至使种子表面均匀涂上混合液，此后立即喷入细粉状的干燥剂及肥料、灭菌剂和灭虫剂等材料，并迅速而平稳地混合，直到有初步包衣的种子均匀分散开为止。包衣能否成功关键在于混入黏合剂的比例及其混合时间，黏合剂过多易使种子结块，过少起不到包衣作用；混合时间过长会造成石灰堆积而导致碎裂和剥落，过短则包衣不均匀。合格的包衣种子，表面应是干燥而坚固的，能抵抗适度的压力和碰撞，在贮存和搬运时不致使包衣脱落。

除包衣这种需要机械完成的先进方法外，我国人民在生产实践中创造了许多简单易行而有效的拌种方法。例如：

（1）盐水淘除。用 1∶10 盐水或 1∶4 过磷酸钙溶液可有效淘除苜蓿种子中的菌核和籽蜂，用 1∶5 盐水可有效淘除苜蓿种子中的麦角菌核。

（2）药物浸种。用 1% 石灰水溶液浸种可有效防治豆科牧草的叶斑病及禾本科牧草的根瘤病、赤霉病、秆黑穗病、散黑穗病等，用 50 倍福尔马林液可防治苜蓿的轮纹病，200 倍福尔马林溶液浸种 1 小时可防治玉米的干瘤病。

（3）药粉拌种。菲醌是常用的灭菌粉剂，按种子重量的 6.5% 拌种可防治苜蓿等豆科牧草的轮纹病，按 0.5%～0.8% 拌种可防治三叶草的花霉病，按 0.3% 拌种可防治禾本科牧草的秆黑粉病。其他还有福美双、萎锈灵等，用种子重量 0.3%～0.4% 的福美双拌种可有效防治各种牧草的散黑穗病，用 50% 可湿性萎锈灵按种子重量的 0.7% 拌种。

（4）温水浸种。用 50 ℃温水浸种 10 分钟可防治豆科牧草的叶斑病及红豆草的黑瘤病，用 45 ℃温水浸种 3 小时可防治禾本科牧草的散黑穗病。

（5）化肥拌种。尽管氮、磷、钾也可拌种，但常用硼、钼、锰、锌、铜等微量元素拌种，这些元素应根据土壤中微量元素含量情况及牧草种类和生长特点酌情使用，如豆科牧草接种栽培中可拌种，这对提高根瘤菌固氮作用非常有效。

（三）根瘤菌接种

根瘤菌接种是指播前将特定根瘤菌菌种转嫁到与之有共生关系的豆科植物种子上的方法，包衣技术就是根瘤菌接种的一项先进方法。根瘤菌是指寄生在豆科植物根部根瘤中能够固定大气中游离氮素的一类微生物。它只有与豆科植物发生共生关系时才能固氮，当豆科植物开花后它便随着根瘤的解体而自行散落于土壤中失去固氮能力，然后它便重新寻找侵染对象，一旦侵染成功便可重新开始固氮。

（1）必要性。豆科牧草并不是天生就能固氮，在建植人工草地中能否发挥固氮作用，关键在于土壤中是否有能够与之共生的根瘤菌菌种，以及这种根瘤菌的数量和菌系特性，尤其是侵染能力和固氮能力这些特性。据宁国赞（1987）在全国各地的普遍调查，发现新建的人工草地一般自然结瘤率很低，三叶草播种当年和第二年几乎没有发现有效的根瘤，沙打旺播后第二年仅有 20% 的自然结瘤率，蒙古岩黄苗播后第二年的自然结瘤率也不过 33%，而且有效根瘤的比例仅占调查植株数的 2%，对苜蓿、百脉根、锦鸡儿、柱花草等牧草的调查也显示出类似的结果。因此，播前通过根瘤菌接种的方式补充一定数量的某一豆科牧草所需要的专门根瘤菌优良菌种，是防止豆科牧草缺氮、促进生长、增进品质和提高产量的一项必不可少的措施。

因而在建植人工草地中对豆科牧草进行根瘤菌接种势在必行，尤其在下列情况下更为必要：

①新垦土地；

②首次种植这种豆科牧草；

③同一种豆科牧草隔4～5年后再次种植于同一块土地上；

④当原来不利于根瘤菌生存的不良环境条件（如盐碱地、酸性土、干旱、涝害、贫瘠、不良结构土壤等）得到改善后需再次种植时。

（2）接种原则。根瘤菌与豆科植物间的共生关系是非常专一的，即一定的根瘤菌菌种只能接种一定的豆科植物种，这种对应的共生关系称为互接种族，因而接种时应遵循这一原则。所谓互接种族，意指同一种族内的豆科植物可以互相利用其根瘤菌侵染对方形成根瘤，而不同种族的豆科植物间则互相接种无效。

（3）接种条件。根瘤菌接种是一项增产措施，但效果如何取决于根瘤菌菌种的品性，因而选育出适合于各种豆科牧草的优良菌种是接种的首要条件。据中国科学院南京土壤研究所试验，用豌豆族的7130菌种分别接种大荚普通苕子、Bi65普通苕子、毛苕子、光叶苕子、甜豌豆、美国豌豆等，其结瘤侵染力分别为80.7%、84.2%、49.3%、46.3%、32.7%、26.0%，由此表明尽管在一个种族内能够接种，但普通苕子、毛苕子、豌豆的种间差异却非常明显，而种内品种间的差异比较小。因此，进行根瘤菌接种时所用的根瘤菌菌种，首先最好是从其自身豆科牧草种的植株上分离出来的侵染力强和固氮能力强的优良菌种或菌系。其次，要保证根瘤菌生长发育所需要的良好土壤条件。这些条件有：

①适宜的土壤。湿度过高、过低均会影响牧草的结瘤数量和根瘤的寿命，适宜的土壤湿度应保持在田间持水量的60%～80%。

②通气性好。根瘤菌呼吸过程中所需要的氧气含量以土壤气体中含氧量15%～20%为宜。

③酸碱度适宜。大多数根瘤菌适合生长于中性或微碱性土壤上，可适应的pH范围约为5.0～8.0。过酸的土壤需用石灰改良后才能播种。

④无机氮含量适量。在一定条件下少量化合态氮能促进根瘤的形成，而且也不影响固氮的活性。但当每公顷纯氮含量超过37.5～45.0千克时，则会阻碍根瘤的形成和固氮作用。

⑤适当施用微肥。有利于根瘤菌侵染和生长的微肥有磷、钾、钙、镁、硼等，铁、钼因是固氮酶的成分也不可缺少。但是，铝、锌、铜对根瘤菌一般是有害的。

（4）接种方法先进的方法应该是用商用菌剂进行接种，但在我国还未形成商品化的情况下，自制菌株接种仍得到普遍的应用。

①商用菌剂接种。1895 年商品用根瘤菌菌剂问世，推动了根瘤菌接种技术在全球的应用。商用菌剂是由专门的研究人员针对某种牧草种或品种选育出来的高效优良菌种，再经生产厂家繁殖并用泥炭、蛭石等载体制成可保存菌种一定时间的菌剂进行出售的商品。播前只需按照使用说明规定的用量制成菌液，然后喷洒在种子上并充分搅拌，直到使每粒种子都能均匀地黏上菌液，便可立即播种。一般对于小粒牧草种子（如苜蓿、三叶草、沙打旺等），要求接种量每粒种子至少1000 个根瘤菌，对于大粒种子（如毛苕子、普通苕子、红豆草、柠条、羊柴、大豆等）则要求每粒至少接种 10 万～100 万个根瘤菌。此法简便经济而有效，非常适合于非专业人员使用。有时生产厂家或销售者根据用户订货需求，利用自身具备包衣机的条件，直接把菌剂和种子混合制成根瘤菌接种的包衣种子，这样既方便了用户，又为生产家或销售者提供了创利的途径。还有一种是由泥炭颗粒和数十亿合适的根瘤菌混合制成的，这种新产品接种剂得到广泛的应用，这是一种接种土壤而非种子的菌剂，其方法是在播种时均匀地施入土壤中。

②自制菌株接种。此法是在播种牧草前，先从别处种植这种牧草的植株上分离自制出菌株，而后再接种进行播种的方法。

（5）接种效果。根瘤菌接种豆科牧草的效果主要体现在结瘤率、根瘤数量和重量及牧草生产性能上。据涂安千等（1987）在陕西地区的调查，沙打旺在洛川、武功、渭河地区的冲积土上的自然结瘤率为 66%～80%，在绥德黄绵土和渭河沙土上为 33%～40%，在榆林风沙土上仅为 14.3%，但当实施根瘤菌接种后，结瘤率都达到 100%。据李卓棣（1987）对紫云英的研究，未接种的平均每株 2.1 个根瘤，而接种的达 9.8～19.5 个；未接种的植株含氮量 1.5%，而接种的达 3.34%～3.85%；未种过紫云英的地每公顷产青草不足 15000 千克，种过的地 22 500～25 500 千克，而接种的地至少 30 000 千克以上。

（6）注意事项。根瘤菌是一种微生物，具有微生物所共有的怕光、怕化学物等特性，因而接种时应给予特别注意。

①避光无论接种时，还是接种后的种子，都不能在阳光下暴露数小时，否则会被紫外线杀死。所以拌种时，易在阴暗、温度不高，且不太干燥的地方进行，拌种后要尽快播种和覆土。

②忌化学物。用化学药品灭过病菌的种子，在进行根瘤菌接种时应随拌随播，因根瘤菌接触化学药品超过 0.5 小时就有被杀死的可能。或者先将根瘤菌与锯末或其他惰性物质混合后撒在土壤内再进行播种。

③忌化肥。已接种过的种子不能与生石灰或高浓度化肥接触。一般来说，不致伤害种子萌发的化肥浓度也不致伤害根瘤菌。

三、常规播种

由于牧草饲料作物生物学特性各异，应用条件和利用方式不同，因而播种技术也不同。下面就牧草饲料作物在播种方面的一些共性问题做一些介绍。

（一）播种方式

指种子在土壤中的布局方式。

（1）牧草的播种方式牧草单播的方式有如下几种，视牧草种类、土壤条件、气候条件和栽培条件而酌情采用。

①条播，这是牧草栽培中普遍应用的一种基本方式，尤其机械播种多属此种方式。它是按一定行距一行或多行同时开沟、播种、覆土一次性完成的方式。此法有行距无株距，设定行距应以便于田间管理和能否获得高产优质为依据，同时要考虑利用目的和栽培条件，一般收草为 15～30 厘米，收籽为 45～60 厘米，个别灌木型牧草可达 100 厘米；在湿润地区或有灌溉的干旱地区，行距可取下限，采用密条播方式。

②撒播，这是一种把种子尽可能均匀地撒在土壤表面并轻耙覆土的播种方法。该法无行距和株距，因而播种能否均匀是关键。为此，撒播前应先将整好的地用镇压器压实，撒上种子后轻耙并再镇压，目的是保证种床紧实，以控制播种深度。撒播适于在降水量较充足的地区进行，但播前必须清除杂草，所以此法不像条播那样能在苗期进行中耕除草。目前采用的大面积飞机播种牧草就是撒播的一种方式，它利用夏季降水或冬季降雪把飞播种子埋在土壤里。就播种效果而言，只要

整地精细，播种量和播种深度合适，撒播并不比条播差。

③带肥播种，这是一种与播种同时进行、把肥料条施在种子下4～6厘米处的播种方式。此法是使牧草根系直接扎入肥区，便于苗期迅速生长，结果既能提高幼苗成活率，又能防止杂草滋生。常用肥料为磷肥，尤其是豆科牧草，这样既可促进牧草生长，又可降低土壤对磷素的固定，从而提高磷肥利用率。当然，根据土壤供应其他元素的能力，还可施入氮、钾及其他微肥。

④犁沟播种，这是一种开宽沟，把种子条播进沟底湿润土层的抗旱播种方式。此法适于在干旱或半干旱地区进行，通过机具、畜力或人工开挖底宽5～10厘米、入深5～10厘米的沟，躲过干土层，使种子落入湿土层中便于萌发，同时便于接纳雨水，这样有利于保苗和促进生长。待当年收割或生长季结束后，再用耙覆土耙平，可起到防寒作用，从而提高牧草当年的越冬能力，此法在高寒地区也具有特别重要的意义。

（2）饲料作物的播种方式饲料作物多为株高叶大的一年生植物，以条播和点播常见，栽培中常有间苗、中耕、培土等作业，因而一般不采用撒播。

①宽行条播适于要求营养面积大的、幼苗易受杂草危害的中耕作物，如玉米、高粱、谷子、甜菜等。行距因作物而异，一般为30～100厘米，但多用50～60厘米。

②窄行条播适于麦类作物，行距7.5～15厘米，常用的是12～15厘米。

③宽幅播种也称宽幅撒播，播幅12～15厘米，带与带之间的距离为45厘米，适于机播谷子和麦类。

④宽窄行（大小垄）播种与长带状条播相似，只是行宽些，适于密度小的作物，如玉米、高粱等。这种播种可大大增加密度，但其缺点是田间管理不方便。

⑤点播（穴播）是指在行上、行间或垄上按一定株距开穴点播2～5粒种子的方式。此法具有行距和株距，是最节省种子的播种方式，优点是出苗容易、间苗方便，缺点是播种费工，主要用于播种玉米和马铃薯。

（二）播种方法

当播种材料和播种方式确定之后，具体的播种程序应考虑下列几方面。

（1）场地选择。对于新建人工草地，在选择场地时应考虑这样一些因素：第一，地势平坦开阔，便于大型机械作业；第二，土壤质地良好，避免在砾石、多沙质的场地上建植;第三,选择隐域性水分条件较好的地段,坡地上以北坡中段偏下为宜,但要注意雨季洪水流经的坡段,以免洪水冲毁人工草地;第四,最好离畜舍近些,便于刈割、转运和贮藏。

(2)种床准备。上虚下实而平整的种床,对控制播种深度和保证种子萌发出苗及其苗期的生长发育具有特别重要的作用。为此,播前对土壤必须要进行深耕灭茬、耙地碎土、格地平整和镇压紧实等一系列作业,最好耕翻前先施入充足基肥(每公顷至少 15 吨以上农家肥),并在播种时结合施用适量种肥(每公顷 75~150 千克有效氮,60~120 千克磷),出苗效果会更好。对于新垦土地,除上述措施之外,应把防除杂草作为主要任务,最好在整地过程中通过机械方法和化学方法的结合使用彻底消灭杂草,这是建植人工草地成败的关键所在。同时,对于地势不平整地段,适当地采取挖方和填方处理,对建立永久性人工草地事半功倍。

(3)播种时期。确定播期主要取决于气温、土壤墒情、牧草饲料作物生物学特性及其利用目的,以及田间杂草发生规律和危害程度等因素。其中温度是第一位的,早春土壤解冻后,只要表土层温度达到种子萌发所需的最低温度就可以播种;但在实践中,必须要兼顾土壤墒情,否则墒情差也难于萌发生芽。因此,一旦土壤中的水温条件合适,原则上是任何时候都能够播种的。不过,对于多年生牧草,由于要考虑到能否越冬,所以就产生了最晚播期问题,播种过晚因苗小而不能安全越冬。在内蒙古地区,豆科牧草最晚不超过 7 月中下旬,禾本科牧草最晚不超过 8 月下旬;在甘肃中部干旱地区,紫苜蓿和红豆草于 7 月中下旬麦收后播种几乎不能越冬;在新疆地区,由于冬季多有积雪,故秋播也能安全越冬,但南疆不迟于 10 月上旬,北疆天山北麓不迟于 9 月中旬。

在早春至最晚播期内,虽然能够播种,但兼顾到出苗率、苗期生长、生产性能和越冬状况及杂草发生情况,则产生了各种情况下的最适播期。在湿润或有灌溉条件的地方,苗期能耐频繁低温变化的冬性牧草(如毛苕子、紫苜蓿等)和饲料作物(如大麦、燕麦等),在寒温带地区,早春至仲春(3 月上旬至 4 月中旬)当日均温达到 0~5 ℃时播种为宜;在暖温带地区,秋季当日均温达 12~16℃时播种为宜,不过由于豆科牧草幼苗不耐冬季低温,禾本科牧草幼苗不耐春夏干旱,所以豆科牧草适于春播,禾本科牧草适于秋播。喜温的春性牧草(如普通苕子、胡枝子等)和饲料作物(如玉米、高粱等),以晚春(4 月下旬至 5 月上旬)当日均温达到 10～15 时播种为宜。在干旱或半干旱地区旱作时，多年生牧草以夏季（6月中下旬）播种为宜，一是临近雨季且气温高，可满足种子萌发及苗期生长对水热的需求；二是夏播前有充足的灭草时间，因而此时播种出苗全，苗期生长旺盛，杂草危害少。

种子萌发要求有足够的水分，一般豆科牧草的萌发吸水量为其种子本身重量的 1 倍以上，禾本科牧草为其种子本身重量的 90% 左右。因而二者萌发对土壤最适含水量的要求也不一样，豆科牧草要求为田间持水量的 40%～80%，而禾本科牧草为 20%～60%。除考虑土壤墒情之外，应考虑当地杂草和病虫害发生的规律，尽量在发生少、危害轻的时候进行播种。

（4）播种深度。播种深度兼有开沟深度和覆土厚度两层含义，覆土厚度对于牧草更具有实际意义，下面所讨论的播种深度实际是指覆土厚度。开沟深度视播种当时土壤墒情而异，原则上在干土层之下；覆土厚度视牧草种类及其萌发能力和顶土能力而异，一般小粒种子（如苜蓿、沙打旺、草木樨、草地早熟禾等）为 1～2 厘米左右，中粒种子（如红豆草、毛苕子、无芒雀麦、老芒麦等）不超过 3～4 厘米。总之，牧草以浅播为宜，若过深因子叶或幼芽不能突破土壤而被闷死。此外，播种深度与土壤质地也有关系，轻质土壤可深些，在黏重土壤上要浅些。饲料作物播种深度较牧草深，轻质土壤 4～5 厘米，黏重土壤 2～3 厘米，像谷子等小粒饲料作物应再浅些。

（5）播种量。适量播种，合理密植，是保障牧草饲料作物高产优质的重要条件。适宜的播种量取决于牧草的生物学特性、栽培条件、土壤条件和气候条件及播种材料的种用价值等方面。牧草的生物学特性主要指对养分吸收利用的状况及株高、冠幅和根幅等因素，这些因素决定了牧草在田间的合理密度，由此可推断出该牧草的理论播种量，即：

理论播种量（千克/公顷）= 田间合理密度（株/公顷）× 千粒重（克）÷10^6

这个算式是在保证一粒种子萌发成长为一棵植株的条件下获得的，实际上这是不可能的。在种子萌发成长为正常植株的过程中，成倍的种子因自身能力和自然条件而不能顶土，或出土不能成苗，或成苗不能成株，造成中途夭折。据 N.E.Reg（1963）测试，牧草的出苗率一般不超过 1/3，而且在这 1/3 出苗中，播种当年幼苗成活率仅有 1/2。为保证有足够的田间密度，因而要考虑一个保苗系数。这个系数与牧草种类、种子大小、栽培条件、土壤条件和气候条件有关，一般为 3.0～9.0，高的甚至达 10 以上，饲料作物一般为 1.5～5.0。由此可推断出该牧草的经验播种量即：

经验播种量（千克／公顷）＝保苗系数 × 田间合理密度（株／公顷）× 千粒重（克）÷10^6

在生产实践中，从成本角度考虑应尽量做到精量播种，但在实际操作中为避免播后出现苗稀的麻烦，人们往往倾向于超量播种。超量播种既能减少杂草侵害，又能增加牧草播种当年的产量和收益。

（6）镇压。在干旱和半干旱地区，尤其是轻质土壤上建植人工草地，播前镇压是为创造上虚下实的种床和控制播深提供条件，而播后镇压对于促进种子萌发和苗全苗壮具有特别重要的作用，就是在湿润地区或有灌溉条件的地方，播后镇压也具有非常重要的作用。这是因为牧草的播种深度一般都较浅，播后不镇压，容易使表土层因疏松而很快散失水分，导致种子处于干土层而不能萌发。镇压能促使种子与土壤紧密接触，从而有助于种子萌发，同时可减少土壤水分蒸发。在较黏重质地的土壤上，应注意掌握镇压器的压强，以免因镇压过重而造成种子不能顶土出苗，否则以不镇压为宜。

四、保护播种

（一）基本情况

（1）概念。保护播种是指多年生牧草在一年生作物保护下进行播种的方式。一般情况下，多年生牧草苗期生长缓慢，持续时间长，不仅长时间的裸地容易造成水土流失，而且也容易给杂草造成滋生机会，严重时杂草会危害牧草，从而导致种草失败。种植多年生牧草时，伴播指的是保护作物的一年生速生作物，既可以抑制杂草生长，达到保护牧草正常生长的目的，又可以防止水土流失，同时也可弥补牧草播种当年效益低的缺陷。但在保护作物生长中、后期，因牧草生长加速保护作物有可能与之争光、争水和争肥，从而影响牧草生长，进而影响产量和品质。

（2）适用范围。实施保护播种是有条件的，这就是水、肥条件不成为限制生产的因子时才可以采用保护播种。因此，这种方法多用于湿润地区或有灌溉条件的地方建植人工草地，一般在农田轮作草地中，或是在饲料轮作制中多采用保护播种。农田中采用的间套作牧草方式，即在主栽作物播种同时或生长后期在其行间播种多年生牧草的方式，实际上就是牧草保护播种的一种变型。此外，是否采用保护播种还应考虑所种牧草对保护作物的忍受能力。冬性牧草因播种当年仅能形成一些莲座叶或短的营养枝条，不产生高大的营养枝条和生殖枝条，故而能较好地忍受保护作物与之在光、水、肥等方面的竞争。而春－冬性牧草播种当年就产生长营养枝条和生殖枝条，并能开花结实，若实施保护播种则会严重影响枝条的发育和生长，因而这类牧草对保护作物的忍受性就差。不过，只要严格掌握播种技术，做到精细管理，保护播种所担心的问题会得以避免。

（3）保护作物的选择。确定保护作物是实施保护播种成败的关键。保护作物应具有这样一些特点：一是分蘖要少，以防止对牧草的遮阴；二是成熟要早，以缩短与牧草的共生期；三是初期发育要慢，以减少对牧草的竞争。常用的保护作物有小麦、大麦、燕麦、豌豆等，干旱地区选用糜子、谷子作苜蓿的保护作物比小麦效果好，新疆普遍用玉米、高粱、大豆作为牧草的保护作物。

（二）实施方法

1. 播种方法

主要以间行条播常见，即在种植牧草的行间播种保护作物。牧草播种行距不变，以其单播规定为准，如确定牧草播种行距为30厘米，则牧草与保护作物的行间距为15厘米。此法因可控制各自播种深度，且易于田间管理，故在保护播种中盛行。而同行条播因不便控制各自播种深度，所以应用不多。

2. 播种时间

为减少保护作物对牧草的竞争，比牧草提前播种保护作物10～15天是有好处的。但因费工，实践中多采用同时播种，这样也便于保证播种质量。

3. 播种量

牧草的播种量一般不变，同单播一样。但保护作物的播种量却要减少，一般相当于单播量的50%～75%，目的是减少保护作物对牧草的竞争。有时为保证保护作物播种行的密度，同时为减少竞争，可采用隔行播种保护作物的方法。

4.田间管理

原则上保护作物应在生长季结束前一个月收获完毕，以便牧草在越冬前有一段生长时间，能够贮蓄足够的碳水化合物过冬，这对牧草越冬和翌年返青特别重要。一般情况下，收获保护作物后应立即除去草地上的秸秆和残茬，以减少病害传播。但在多风干燥的内蒙古和东北的一些地方，不仅不能除茬，反而要留茬高一些，以便于冬季积雪，这样有利于牧草越冬和建立良好的草丛。

（三）注意事项

（1）及时收割。实施保护播种应随时注意观察，若保护作物严重遮阴和影响牧草生长时，应及时采取部分或全部割掉保护作物的方法消除这种危害。放牧也具有类似的作用，但要注意防止家畜对牧草幼苗的采食。

（2）加强管理限制。保护播种的应用，主要是保护作物与牧草在光、水、肥等生存因子上的竞争优势。通过选种和播种技术来调节牧草与保护作物叶子间的重叠，例如豆科牧草与禾本科保护作物组合，禾本科牧草与豆科保护作物组合，由此可减少这种影响；通过灌溉、施肥及精耕细作，可以充分满足它们各自的营养需求，以减少彼此间的竞争影响。

第四节　牧草的田间管理

牧草播后必须根据牧草出苗生长及气候条件变化采取一系列的田间管理技术措施，消除影响生长的不利因素，为牧草的高产、优质、高效创造良好的条件。

一、破除土壤板结

播种之后到出苗之前遇到下雨，特别是大雨之后，土壤表面容易形成板结层，已萌发的种子无力顶开板结土层，幼苗即在土中死亡。可用短齿或具有短齿的圆形镇压器滚压，即可破除板结。有灌溉条件的可以用水轻灌，亦能帮助幼苗出土。

二、补苗

由于整地或播种不良以及风、旱、雨、涝、冻、虫等不利因素的影响，造成严重缺苗断垄，当缺苗达到 10% 以上时应及时补苗。

三、间苗

播种时由于播种机或人为因素以及不符合规定株距的，要在长出 4～6 片叶时进行间苗，间苗可分为 2～3 次进行，最后一次间苗即为定苗。

四、中耕除草

目的是疏松土壤，抗旱保墒，消灭杂草，减少草害。中耕除草多在出苗至封垄前、返青前后和刈割之后进行。牧草单播时除草可用化学除草剂，禾本科牧草可选用杀灭双子叶杂草的化学除剂，豆科牧草可选用杀灭禾本科杂草的除草剂。

五、灌溉

为了保证作物的健康生长，满足作物所需的条件，补充土壤的水分，需要进行灌溉。正确的灌溉一方面可以使作物对于水分的需求得到满足，帮助土壤改善理化性质；另一方面可以对土壤的温度进行调节，促进微生物在土壤中的活动，最终促进作物的快速发育和生长，从而获得高产的结果。

（1）灌溉方法。灌溉的方法大致有三种，一是地表灌溉，二是喷灌，三是地下灌溉。

地表灌溉：这是最为常见的也是最为常用的人工灌溉，在我国，地表灌溉是最为基本的灌溉方法，特点是操作简单、费力、费水，例如畦灌、沟灌等。

喷灌：主要指的是通过机器设备将灌溉水变成水滴状，喷射到空中，然后降落在植被上或者土壤上的一种灌溉方法。这种灌溉的方法具有一定的优点，即可以对农田的小气候进行调节，用少量的水实现定额灌溉，节约水和人力；缺点是成本较高。

地下灌溉：地下灌溉别称渗灌，需要在地下大约 40～100 厘米处设置水管，水管上有孔，水主要从孔中浸出，水通过毛管作用向四周扩散或者上升，可以满足植物的生长发育的需要。这非常有利于节约水资源，一般在干旱地区常常使用这样的方式，在盐碱地要谨慎使用。

（2）灌溉的时机。在进行灌溉的时候不仅需要保证作物的正常生长发育，保证作物的高产，还应该着手降低灌溉的成本，这就需要考虑灌溉的时间以及灌溉的次数问题。对于禾本科牧草及饲料作物而言，灌溉的关键时期是其拔节至抽穗这个阶段；对于豆科牧草及饲料作物而言，灌溉的关键时期是从现蕾到开花这个时期；对于刈割草地来说，需要在每次的刈割后进行灌水施肥，如果是在盐碱地的刈割草地，在刈割后土地裸露，这会使得地表的水分剧烈蒸发，会出现盐分的上移，导致盐碱加重，在灌溉之后就使盐分下行，有利于缓解盐碱程度。一般来说，在旱地中，如果土壤的水分含量低于田间持水量的 50%～80% 就需要进行灌溉，如果超过这个持水量区间，就需要进行排水，只有这样才能保证作物的正常生长发育。

六、收获

农业生产的最终目的是收获，收获也成为田间生产的最后一个环节。

根据栽培目的和不同的收获物，收获可以分为以下几种类型：

第一，籽粒收获。这种收获类型，主要是以籽实为目的的收获，一般在籽粒蜡熟末期或完熟期收获，具有固定的收获期。对于大部分的饲料作物和采收种子的牧草都属于这种类型，例如大豆、玉米等。

第二，地上部收获。地上部收获主要是对地上部分茎叶的收获，牧草与青饲料都属于地上部收获，这种类型的并没有固定的收获期，可以根据饲喂家畜的种类，结合栽培目的来对收获期进行确定。比如，当作为牛、羊青干草的时候，首蓿应在单位面积可消化养分产量最高的初花期收获；当作为猪、鸡的维生素补充饲料、蛋白质时，首蓿应在现蕾期收获。

第三，地下部收获。主要是对地下的块茎、块根、直根等营养器官为主要的收获对象，这类的作物一般有马铃薯、萝卜、甘薯等。这种类型的收获也没有固定的收获期，但是会受到外部的温度变化和影响，一般会在早霜前进行收获。

对于作物的收获方法主要有以下几种：

第一，人工收获。从对作物的收割—脱粒—晾晒—包装—入库，这整个的过程主要是通过人工或者畜力来完成，不会使用任何的机械。

第二，机械收获。机械收获又被分为两种，一种是分段收获，主要是用机械分段完成收割、晾晒、捡拾、脱粒、包装、入库等过程，这种方式使用的机具非常灵活、轻便、简单，非常适合小面积的作业。另一种是联合收获，这种收获使用联合收割机可以对收获和脱粒等作业一次性完成，主要的特点是效率高、速度快、损失少，非常适合大面积的地块作业。

第五节　牧草的病虫害防治

一、病虫害对牧草的主要危害

（1）影响牧草产量：虫害和不少病害对牧草生产有限制作用，常造成减产，甚至是毁灭性的绝收。

（2）影响牧草品质：病害还会使牧草品质下降：粗蛋白、脂肪、可溶性糖类下降，粗纤维含量上升，单宁和酚类含量增加等。这样，牧草营养价值、适口性和可消化率都会下降。

（3）病草和病籽实中还会产生一些对人、畜有毒的物质，如病穗上的麦角含有生物碱，可使人、畜早产、流产、痉挛、四肢坏疽，甚至死亡。

（4）病害还可能影响牧草的抗逆性，导致越冬困难，草地提前稀疏衰败，过早退化。病害还可降低豆科牧草的固氮能力。

二、牧草病虫害定义

（1）虫害：是指昆虫、蜱、螨等害虫因吸取汁液或采食茎、叶、根系对牧草造成的危害。有的还传染疾病。直接危害牧草的害虫多属鳞翅目、鞘翅目、半翅目等类昆虫的成虫和幼虫。

（2）病害：牧草在自然生态系统生活过程中受到外来（生物或非生物）因素干扰而超越其适应范围，就不能正常地生长发育，导致植株变色、变态、腐烂、局部或整体死亡。这些现象就是生病的表现，称为牧草病害。

病害产生原因可以分为两大类：一类是"生理性病害"、是由非生物因素引起的病害，如营养条件不适宜、水分失调、温度不适宜、土壤盐碱伤害、有毒物质毒害等。这类病害不能相互传染，又叫"非侵染性病害"或"非传染性病害"。

另一类是"传染性病害"，是由生物因素导致的病害，如真菌、细菌、病毒、线虫、寄生性种子植物等，又常简称"病原性病害"。这类病害可以传染。

三、牧草病虫害防治

（一）综合防治措施

牧草病虫害的防治应"预防为主，综合治理"，即对病原物、害虫、杂草等有害生物从经济观点和生态平衡来防治，采取的各项措施要达到预期的经济效益，化学药剂使用以及其他措施要防止环境的污染和破坏自然界的生态平衡。

（1）提高认识，加强植物病虫害检疫工作：植物检疫工作是国家保护农业生产的重要措施。它是由国家颁布法令对植物和植物产品，特别是种子、苗木、繁殖材料进行管制，防止危险性病虫害传播蔓延。目前，国家颁布的对外植物检疫对象一类有33种，二类有52种。国内植物病虫草控疫对象共有32种，四川省补充了5种。各地在选购草种时，一是要有植物检疫的观念，一定要在能出具植物检疫证书的正规单位或公司购种；二是播种后若发现可疑病虫害，一定要及时上报有关部门。

（2）加强草种选择：根据气候、地域选择适生草种，使用抗病虫的草种和质量高的种子。

（3）推广混播技术：混播可以增加草种适应地域范围和生长势，降低或减轻病害虫害的侵染，防止病虫害扩散。可以不同草种混播，也可以进行同一草种中不同品种的混播。

（4）整地平土，改变病虫适生环境：播种前要加强土壤翻耕及平整处理，犁好厢沟，清除周围障碍、杂物，以利表层排水、空气流通、阳光穿透。

（5）改进栽培技术：适宜的播种密度、适时播种、适时刈割或收获、正确施肥、科学灌排能促进草株健康生长，减轻病虫发生危害，是防治、避病的重要手段。播种密度跟许多真菌、细菌和病毒病害的发生有关，密植区域病害严重。氮肥过多，植株感染病害严重。串灌、大水漫灌也会导致病害的流行。

（6）生物防治：利用对植物无害的生物或生物产品，如天敌、生物制剂农药来影响、控制害虫或病原物的生存和活动。

（7）物理防治：利用物理或机械的方法阻止或控制牧草病虫害发生危害。如比重法（盐水或泥水选种汰除病种、枇粒或虫卵）、网捕法、灯诱法。

（二）常见牧草虫害防治

（1）蝗虫：咀嚼禾草叶片和嫩叶，多在5—9月发生。在蝗虫侵入并取食牧草时喷药。可用恶虫威、毒死蜱、敌百虫等喷洒。也可在早晨露水未干时捕杀蝗蛹或成虫。

（2）地老虎：夜间为害，专食嫩茎嫩叶。可在凌晨进行化学诱杀，也可喷洒杀虫剂如乐斯本、地亚农、西维因等。

（3）蝼蛄：夜间觅食，嚼断近地草根和秆基部。可用诱杀法。

（4）蛴螬：为各种各样的甲虫的幼虫，如六月甲、日本甲虫、东方甲虫、金龟子类等，嚼食禾草根部。可用毒死蜱、丙胺磷、地亚农等喷洒。

（5）草地螟：蛀蚀草根及茎部。黑灯诱杀，或在成虫出现时喷药雾或粉末处理，杀虫剂可用地亚农、乐斯本、敌百虫、西维因等。

（6）黏虫、夜盗蛾：黏虫在全国各地均造成危害，尤其喜食禾本科牧草植物。吃食嫩茎叶。成虫夜间飞行。防治方法：①用糖醛酒液诱杀成虫。配置方法是取糖3份、酒1份、醋4份、水2份，调匀后加1份2.5%敌百虫粉剂。诱剂放入盆中，每公顷面积放2～3盆。②用药剂防治。用2.5%敌百虫或5%马拉硫磷喷粉，每公顷喷粉22.5～30.0千克；或用50%辛硫磷乳油5000～7000倍液，90%敌百虫1000～1500倍液喷雾。

（7）金龟子：品种较多，为蛴螬成虫，将草根齐地切断。用毒饵或灯光诱杀。

（8）蚜虫类：蚜虫类可以吸食多年生黑麦草的叶片、茎秆和幼穗的汁液，严重的致使生长停滞，最后枯死。蚜虫分无翅型和有翅型，无翅型体长1.8毫米，黑绿色，腹部腹管周围多为红色，腹管较短。有翅型前翅中脉3叉，腹部暗绿紫色。防治方法：冬灌能杀死大量若虫，增施基肥、清除杂草，均能减轻危害损失。药剂防治可用1.5%乐果粉，每公顷22.5～30.0千克，或50%灭蚜松1000倍液喷雾。

（三）常见牧草病害防治

（1）锈病：广泛分布于豆科、禾本科牧草和饲料作物种植区。地区不同，危害情况、危害程度有所不同。对苜蓿、三叶草、黑麦草、鸭茅等危害重，有叶锈、秆锈、条锈、冠锈、脉锈等类型。不同品种危害症状有差异，一般在茎、叶、脉上产生褪绿斑点，渐变为褐色的外缘有黄色或淡色晕圈的小斑，后期变为深褐色，病斑上有锈色粉状物。

防治措施：选用抗病品种；适当增施磷、钙肥，夏季忌施高氮化肥；适时刈割、放牧，控制病害发生，发病后及时刈割或放牧，减少下茬草的菌源；一般不采用化学农药防治，但对种子地或病害较重的地区，采用粉锈宁、羟锈宁、代森锌喷粉或喷雾，或萎锈灵与百菌清混合剂均可。

（2）褐斑病：是三叶草、黑麦草常见病。三叶草褐斑病在叶的两面形成褐色或赤褐色病斑，湿度大时呈黑褐色；病斑边缘无晕圈；后期病部表皮破裂、露出小盘状子实体。黑麦草褐斑病整个生长期都可发生，侵害根、茎、叶、叶鞘及穗，出现不同症状。苗期侵害会导致种子不发芽，或幼芽脱离种皮后便连同胚根腐死于土中；生长前期根部发病后，产生褐色或黑褐色病斑。导致根系腐烂，使大苗枯死。生长后期病株地上部分渐失水枯黄；茎及叶鞘上，病斑黄褐、深褐至浅褐色，不规则，导致叶及整个植株黄弱；叶上，病斑韧为点状或条形小褐斑，渐扩大呈椭圆、条方形或不规则形的暗褐斑。

防治措施：选择抗病品种，合理推广种植；牧用草场采用适牧或刈割措施，能有效地控制其危害；草籽繁殖场于秋季刈剖一次，让新抽发的幼苗越冬，减少菌量。4月下旬至5月上中旬病害盛期，用粉锈宁、羟锈宁、多菌灵、甲基托布津，或加高脂膜复配施用。

（3）白粉病：三叶草、苜蓿、野豌豆、沙打旺、草木樨等豆科牧草病害，三叶草白粉病是全球性重要病害。植株的叶片、叶柄、茎荚等均可受到侵染，出现白色粉霉斑。在叶片的两面产生霉层。初期，病斑为白色絮状斑点；此后扩大汇合成大斑，覆盖叶的大部或全部，变成石灰状的白色粉末或毡状白色霉层。严重染病的植株发育迟缓，长势衰弱，抗御其他病害侵袭的能力差，干、鲜草产量低，适口性差，种子不实或瘪劣。

防治措施：有计划地引进或繁殖抗病品种，筛选在当地适生性强、表现好的推广种植。及时刈割，清除病残体。三叶草草场可以不用化学防治，只要有计划地轮片适牧和刈割，就可防止病害发生。种子繁殖场，应以农事作业和化学防治结合控制。秋季或初春，适牧或刈割一次，减少越冬病原。春季草场进入封闭期后，于侵染始期进行第一次药剂防治，始盛期进行第二次药剂防治。可使用高脂膜加多菌灵或甲基托布津复配喷雾以及粉锈宁、敌锈钠或瑞毒霉等可湿性粉剂喷雾，若与 200 倍高脂膜复配施用，防效倍加。

（4）苗枯病（猝倒病）：黑麦草发病普遍出现在发芽至 4 叶期，种子感病，冷湿气候、潮湿或浸水地易发生，常见的有黑根、软腐、立枯、萎蔫四种。

防治措施：搞好开沟排水工作，注意排水。精选种子，适量播种。用 401 抗生素 800 倍液浸种 24 小时，然后用清水冲洗、晾干播种。用粉锈宁或羟锈宁、疫霜灵、百菌清、瑞毒霉等按种子重量的 0.4% 拌药播种。

（5）菌核病：是全球重要病害，俗称"鸡窝病""秃塘病"。危害三叶草、苜蓿、紫云英等多种豆科牧草。病株一团团枯死，在绿色草场上形成个个秃斑。主要发生在春季，以 4—5 月较普遍。发病部位在茎基及底层叶片。初期，在叶上呈现水渍状、褪绿的、墨绿色小污斑，继续扩大至全叶，导致软腐。潮湿条件下或久雨后，病株很快死亡，病部生出白色絮霉层。继续侵染邻近植株，迅速形成白色枯死团。在倒伏腐烂的植株上，菌丝集结成很多鼠粪状的菌核。

防治措施：清除混在种子中的菌核。用盐水（1∶20）或黄泥水（3∶20）选种。选择本地环境条件下的抗病品种，合理推广种植。发病时期长，病情严重的地块，可与多年生黑麦草或其他禾本科牧草、作物轮作，避免与豆科植物连作，旱地轮作期限至少 3 年。加强田间管理，播种时用磷肥拌种或苗期增施磷钾肥，冬季施草木灰，提高幼苗抗寒和抗病能力。注意排水，降低地下水位和田间湿度。春季，随时检查发病中心。用乙烯菌核剂或菌核净喷雾二次，也可用 1∶10 的石灰水浇发病中心。

四、草害防治

杂草对栽培牧草和农作物的生产造成不良的影响，尤其是在多年生牧草播种的当年，杂草大量入侵，会抑制牧草苗期的生长，甚至"全军覆没"。因此，应当采取一定的技术措施，控制和防止杂草的危害。

（一）农业防除方法

1. 轮作、套作灭草

不同牧草或作物常有伴生杂草和寄生杂草，这些杂草与所需的生存环境与栽培牧草极相似，如菟丝子是苜蓿、大豆、马铃薯的伴生寄生性杂草，若与其他禾本科牧草或作物科学轮作，可明显减轻杂草的危害。如越年生得多花黑麦草与水稻、红薯、大豆等轮作。多年生牧草与一年生（或越年生）牧草，如桂1、牧1号与黑麦草套种；秋播一年生牧草与春播一年生牧草，如箭筈豌豆与墨西哥玉米或杂交苏丹草套种，通过行间耕作措施消灭杂草。

2. 精选种子

杂草种子传播的途径之一就是随作物的种子传播。因此，在播种前对播种材料进行清选，清除混杂在播种材料中的杂草种子，是一种经济有效的方法。

3. 施用腐熟的厩肥

厩肥中不同程度地带有一定数量的杂草种子，如果不经过腐熟施入田间，其中的杂草种子会萌发，造成杂草的危害。所以，田间施用的堆肥或厩肥必须经过50～70 ℃高温处理，闷死或烧死混在肥料中的杂草种子，方可使用。

4. 清洁农田环境

农田周围的路边、沟渠旁的杂草应认真清除，特别是杂草种子成熟之前，以防扩散。

5. 合理密植

科学地增加栽培牧草的密度，利用其自身的群体优势抑制杂草的生长。

（二）机械防除方法

利用各种农业耕作机械，在不同的季节用不同的方法消灭不同生长时期的杂草。

（1）深耕

在播种前进行深耕是防除多年生杂草如苣荬菜、刺儿菜、用旋花等有效措施之一。

（2）耙地

耙地可杀除已萌发的杂草，早春耙地可提高地温，诱发杂草种子萌发，而后用钉齿耙或圆盘耙消灭萌芽及出苗的杂草。

（3）适时刈割

对杂草来说，尤其是一年生杂草，防止其种子产生是非常必要的，即在夏末大多数杂草结籽并未成熟前刈割，可有效地防除一年生杂草和以种子繁殖的多年生杂草，对酸浆草、辣子草、尼泊尔蓼、芦苇等杂草非常有效

（4）人工除杂

当牧草齐苗后长到适当的高度，容易区分杂草后，及时中耕或铲草1~2次，原则上要把一年生杂草消灭在结实之前。人工除草，一般在牧草长至2~3片叶时进行。太早，苗小，锄草时小苗容易被覆盖；同时小苗根系入土不深，深锄易伤其根系，牧草长至分蘖期以后，则可逐步加大深锄，锄草次数视杂草情况而定。多年生牧草在刈割后，长势减弱，往往易引起杂草滋生，此时也应注意铲除杂草。

（三）化学防除方法

化学除草不仅工效高，还可抑制病虫害的发生。其除草剂品种繁多，名称各异，一般分为选择性除草剂和灭生性除草剂两大类。选择性除草剂只对某类植物起作用，如"2，4-D"只杀灭双子叶植物，对单子叶植物无效；"稳杀得"对防除禾本科杂草有特效，对阔叶杂草无效；"地乐胺"主要防除一年生禾本科杂草，亦能防除部分种子细小的阔叶杂草。灭生性除草剂，如"草甘麟""农达"则属灭生性（广谱性）杀草剂。要根据牧草地的杂草种类及数量，有针对性地选择合适品种，并采用适当方法进行除草。

使用方法，一般有茎叶处理和土壤处理：施药时期分播种前、播后出芽前和苗后。为了做到经济、安全、有效地使用除草剂防除牧草地杂草，除应熟悉除草剂的性能、防除对象，准确掌握施药量及施用时期（包括牧草和杂草的生长发育阶段）外，还需注意土壤的性质、湿度和天气的变化等，否则会影响杀草效果，甚至误杀牧草或饲料作物。

另外，还要利用田间管理措施，造成有利于牧草的竞争环境，抑制杂草的发育。如提高施肥水平，加速牧草的建植速度，使牧草尽早形成茂密的草层结构，从而抑制杂草的侵入。

五、鼠害防治

鼠类是生态系统中的主要成员，在草地"农业"森林生态系统中起着重要的作用。在灾害发生的高峰年，害鼠危害草场的面积占可利用面积的 60%，即使在正常年份也占 10%～20%。

鼠害控制技术主要包括：物理防治、化学防治、生物防治、生态治理以及综合防治等等。近年来不育控制技术与生态治理技术逐渐兴起，并越来越为人们所接受，成为未来鼠害治理的主要发展方向。

物理防治：是指采用人工器具捕杀害鼠的方法。例如利用鼠夹、笼具、地箭、陷阱、索套、粘鼠板等工具捕杀害鼠。物理防治方法是一种传统的技术，但不适合大面积应用。

化学防治：传统的化学防治是指利用化学试剂配置诱饵直接杀灭害鼠。化学防治也经历过一个漫长的发展过程，从开始剧毒药物（如磷化锌、氟乙酰胺）过渡到当前的相对安全的抗凝血剂类杀鼠药物。化学防治具有周期短、见效快的优点，但缺点是害鼠容易产生抗药性机制，另外还容易引发环境污染，并可能威胁其他动物种类。

生物防治：是指利用害鼠的天敌（鹰、隼、蛇）、寄生虫或者特定病原生物直接杀灭或控制害鼠种群数量的技术。生物防治具有良好的环境效益，但缺点是见效缓慢，有时仅在特定时段有效。例如，天敌通常在控制低密度害鼠时具有更好的效果，但在高密度时则很难奏效；寄生虫与病原生物防治的效果在高密度时虽能够发挥良好的成效，但在低密度时效果却不佳。不过总体来说，采用生物防治技术治理鼠害也是当前研究的一个重要方向。

生态防治：也称生态治理，是指在免除化学防治的条件下，针对害鼠栖息地选择特征、为患成因以及危害现状，在生态系统原理基础上提出的、以协同调整系统中主要成员的生态经济结构关系为主的治理策略。通过恶化害鼠的栖息地条件，从而实现控制鼠害。生态治理的目的，不仅仅是控制鼠害和挽回损失，更主要的是消除对环境的污染并在整体上保证控害增益的持续效益。

综合防治：单一的防治措施往往难以收到良好的效果，因此实际应用中常常采用多种防治技术的组合，从而实现更理想的成效，这就是综合防治技术。例如，在鼠害暴发时采用化学杀灭方法迅速降低害鼠密度，而后引进天敌控制害鼠密度，综合防治技术通常能够收到理想的效果。

六、冰冻灾害应对措施

2008年伊始，我国南方大部分地区遭受雨雪冰冻灾害，持续时间长、影响范围广，对草业及畜牧业生产造成一定损失。因此冰冻灾害对牧草的影响也需要引起足够的重视，及时采取正确应对措施才能够避免更大的损失。

（一）对牧草生产的影响

（1）紫花苜蓿

雨雪冰冻天气对紫花苜蓿影响较大，地上茎叶因冻害全部干枯死亡，冻害后根部恢复生长，茎部萌发新苗。在少数积水较严重的地块会造成烂根死亡。

（2）黑麦草

黑麦草成苗后，叶梢尖枯萎2~4厘米。而在幼苗期时，抗逆性较弱。冻害发生后部分叶片冻伤，干枯断裂。有的整株连根暴露在外，天气转好后干枯死去。受冻害影响可能减产10%左右。

（3）象草

当气温低于0 ℃时，象草宿根容易受害。2008年，受冻害影响，象草的主根、侧根70%~80%被冻死，新萌发的幼苗全部被冻死。埋在土坑里的种茎也因长时间雨雪冰冻受到影响，埋在上面的种茎出现小部分烂芽现象。矮象草受害程度与象草差不多。

（4）菊苣

菊苣为多年生菊科宿根植物，喜温暖湿润气候，也耐寒耐热，在炎热的南方及寒冷的北方都能正常生长。但该植物在江西省及南方表现耐寒性较差，受冻害影响大部分叶片被冻死，有些生长较差、株型较小的整株都被冻死，减产约40%。

（5）串叶松香草

串叶松香草为菊科多年生草本植物，喜温暖湿润气候，抗干旱，耐热耐湿，耐严寒，冬季停止生长。冻害后全部叶片枯萎死亡，但串叶松香草宿根生命力很强，冻害过后又生新叶。另外，部分抗寒较强的品种有白三叶、燕麦、鸭茅、小黑麦等受冻害影响较小，只有部分幼嫩叶尖枯萎。

（二）应对措施

1. 灾前措施

受低温雨雪天气影响，栽培牧草会出现茎叶萎蔫、倒伏、溃烂甚至死苗的冻害现象。为减轻冻害给生产造成更大损失，针对不同牧草类型，灾害前可采取以下技术措施，提高牧草抗冻防冻能力。

（1）清沟排渍：对低洼易积水地块，及时清理排水沟系，防止土壤积水，减轻土壤冰冻程度，以防冰冻对牧草根茎的损伤。

（2）培土覆盖：主要对多年生牧草如象草、王草、串叶松香草等越冬宿根进行根部培土2～3厘米或用猪、牛粪覆盖，具有很好的防冻效果；也可用稻草类秸秆覆盖，也有较好的防冻作用。

（3）刈草喂畜：对已生长至可刈割高度的牧草，应及时刈割喂畜，但要适当提高留茬高度。

（4）对播种出苗时间短的弱小幼苗，可覆盖稻草等，如果是种子价位高、种植难度大的多年生品种如菊苣、串叶松香草等，最好采用地膜覆盖，以避免死苗，造成损失。

2. 灾后措施

（1）及时排涝除渍：加强牧草田间管理，及时开通、加深田边沟和地头沟，以便排水、沥水和降低土壤湿度，减少雪融后对牧草的浸泡，以利土壤温度的提高，保持土壤墒情，增强植株根系活力，促进植株恢复生长，减轻冻害影响。

（2）刈割受冻枯草：受冻害严重的牧草，可能地上茎叶枯萎，先查检几株，观察判断根部是否死亡。如果正常，牧草仍能够恢复生长。及时刈割地上部受冻枯草，以促进新枝（分蘖）的快速萌发。

（3）早施速效肥：视牧草长势每公顷追施尿素150～225千克或人畜粪尿水7500～15 000千克，为牧草生长提供必需的速效肥，利于牧草恢复生长。

（4）补栽补种：对冻害造成死苗缺苗的牧草地，要及时检查、确认，并及时补栽补种，确保基本苗情。

（5）注重防控病虫害：由于牧草饲料作物受冻害抗逆性弱，抗病害能力下降，易受病害。常见病害有锈病、白粉病、霜霉病等，要注意防控。

（6）短期控制利用：牧草受冻害后，植株长势较弱。抗逆性差，短期内不宜刈割和放牧利用，恢复正常生长后再利用。因此，要提前做好饲草的调运和补饲工作，弥补春季饲草料的不足。

第六节　牧草的适时刈割

牧草在不同的生长和发育时期，体内的营养物质也会因为时期的不同而呈现出不同的含量。随着牧草逐渐成长起来，虽然体内的干物质含量在一直持续增长，但是粗蛋白质、胡萝卜素等营养的含量在一直下降，这是因为粗纤维含量在牧草中不断增加。牧草收割期的确定也就意味着牧草在单位面积中的产量和牧草中最终营养物质的含量也就随之确定了。

一、牧草刈割的一般原则

第一个原则是要在单位面积内牧草营养物质含量最高的时期进行收割；第二个原则是不能耽误第二年牧草的种植和生长，也不能够影响多年生的牧草的越冬和返青过程；第三个原则是刈割的时期应该根据不同的使用目的决定。

二、不同牧草的刈割期

（1）禾本科牧草。刈割的时期在抽穗－初花期，但如果用途是喂鹅、猪、羊等动物，比如像黑麦草等牧草的种类，那么就可以稍微早些进行收割。

（2）豆科牧草。现蕾至初花期时进行刈割。

三、牧草的刈割留茬的高度

刈割完成之后留茬高度，影响到牧草的下一年生长，也会对牧草的产量和质量等问题产生一定的影响。

每次刈割的留茬高度取决于牧草的再生部位。禾本科牧草的再生枝发生于茎基部分蘖节或地下根茎节，所以留茬比较低，一般为 5 厘米。而豆科牧草的再生枝发生于根茎和叶腋芽处，根茎为主的牧草（如苜蓿、三叶草等）则可低些，留茬 5 厘米左右为宜；以叶腋芽处再生为主的牧草必须留茬要高，一般为 10～15 厘米或以上，至少要保证留茬有 2～3 个再生芽。

刈割留茬高度也会影响到当年牧草的再次生长和第二年牧草的种植和生长。大多数牧草都有大量的茎叶堆积在基部，如果刈割时留茬的高度太高，牧草的产量也会下降。在留茬的高度为 10 厘米时，禾本科牧草和豆科牧草的残茬会在地上剩余 25% 至 30%。如果刈割的高度过高，牧草中包含着营养的部分也没有被割去，造成了一定的浪费，也减少了牧草中的营养含量。尤其是禾本科牧草的下繁叶部分，如果刈割的高度较高，会降低接近一半的蛋白质。

如果刈割高度不够高，在本次收割或当年的产量可能会暂时地增加，但是牧草基部的大部分叶片都割走了，而且叶量较大和叶子分布较为均匀的牧草，叶片几乎没有剩余了，这影响了刈割之后牧草的生长能力和牧草营养物质的暗中积累，削弱了新牧草的生长速度，降低了牧草的活力，牧草的刈割不能连续几年都将留茬高度降的很低，牧草的生长态势也会降低很多。各种牧草的留茬高度如表 3-6-1 所示。

表 3-6-1 各种不同牧草的刈割留茬高度（单位：厘米）

牧草品种	留茬高度	牧草品种	留茬高度
紫花苜蓿	5	菊苣	15～20
黑麦草	3～4	皖草 2 号	6～10
苦荬菜	15～20	杂交苏丹草	7～8
籽粒苋	30	串叶松香草	5～10

四、最后依次刈割的时间和高度

应该在当地第一次霜冻前进行完牧草的刈割，至少留下 10～15 厘米的茬高，以便能够有能多的阳光和更加充分的光合作用，为牧草越冬的生长积累更多养分，最终实现牧草能够安全的过冬。

五、牧草刈割应注意的几个问题

第一，最好选择在天气较为晴朗的情况下进行牧草刈割。第二，如皖草 2 号、苏丹草等茎较粗的牧草在刈割时不能平着割，而是保证一个更加倾斜的切面。第三，如皖草2号、杂交苏丹草、甜高粱等苗期或刈割后生出的幼苗中含有一定数量的氢氰酸，特别是在较为极端的气候条件下，氢氰酸的含量还会出现增加的情况，这种条件下的牧草不能够用来当作饲料，要等牧草长大。如果它的高度达到了50～60厘米，在刈割之后进行晾晒的工作，就可以避免中毒情况的发生了。

第四章　主要牧草的种植技术

第一节　豆科牧草种植技术

一、紫花苜蓿

（一）分布

苜蓿的主要生长地是在温带气候区。中国种植和栽培苜蓿的时间较长，在栽培的过程中培育出了质量更好的苜蓿品种。

（二）植物学特征

苜蓿为豆科苜蓿属多年生直立型草本植物。根系发达；茎秆直立或略斜生，圆形略具棱条，高 100～150 厘米，分枝很多；种子肾形，黄色或黄绿色，陈种子为暗棕色，千粒重 1.5～2.3 克。

（三）生物学特性

1. 对温度的要求

苜蓿是一种温带的植物，种子发芽的温度条件是 5～6 ℃，在 25 ℃以下发芽的效果最好。最能够促进植物生长的温度是 15～21 ℃。在日平均温度 25 ℃以下的条件下，苜蓿的叶面积和总重量都能达到最大的水平，但在高温条件下，苜蓿生长会受到一定的抑制。据美国的研究发现，苜蓿干物质积累的最适温度范围为：白天 15～25 ℃，夜间 10～20 ℃。陕西关中 5 月初旬气温约 20～25 ℃，苜蓿正进入开花期，生长旺盛，苜蓿的植株可达 100 厘米以上，产量占全年总产量的 40%～50%；以后气温逐渐升高，至 7 月中旬进入第二次花期，此时温度已超过

35 ℃，苜蓿的光合作用减弱，呼吸作用增强，不利于干物质的积累，故生长缓慢，株体不高，产量占全年的 30%～35%；入秋之后，气温稍降，雨量增多，生长又趋迅速，但不及第一、二次生长高峰，产量占全年总产草量的 20%～25%。我国长江中下游各省夏季高温达 40 ℃，更加湿闷，苜蓿难以越夏，江西越夏率仅为30%～65%，江苏等地越夏率为 80% 以上。

苜蓿的耐寒水平较高，从发芽到开花期的温度累加为 850 ℃，种子成熟需要温度累加到 2000 ℃左右。幼苗能够在 7 ℃左右的温度下生存，成年植物的根部可耐受 -25 ℃的低温，即使在根部存有一定的积雪，也不会出现死亡的情况。在没有降水的冬季或是春季供水不足的情况下，苜蓿如果已经处于生长期，但是供水不能得到保证，就会出现缺水而死的情况，但不是因为气温过低导致的死亡。在我国海拔 3000 米以上的高寒牧区，苜蓿大多不能安全度越冬春。润布勒苜蓿和黄花苜蓿能在甘肃天祝高寒区越冬。

2. 苜蓿的水分条件

苜蓿在生长的过程中需要大量的水，因为它的分枝和生长速度很快，从枝条形成到花蕾形成需要的水最多，占到了生育期总用水量的 36.9%，从花蕾形成到开花用水量达到了高峰期，每亩日耗水达 5.46 立方米（8.2 毫米），是苜蓿的需水关键时期。在栗钙土地区，年降水量以 600～1000 毫米最为适宜，高于 1300 毫米则不利于苜蓿的生长。苜蓿也是一种能够抗干旱的牧草，因为它强大的根系深入土壤吸收水分，在干旱和灌溉条件下都能有很高的产量。所以灌溉是苜蓿高产的一项措施。据西北农业大学试验，年灌水 4 次，每亩产高达 5500 千克。

3. 苜蓿与土壤的关系

苜蓿能够在多种类型的土壤中存活并且成长，但是更加适合在土层较为深厚、透气性较好的土壤中生长。土壤还要能够方便排水，如果土壤中的水分过高，植物的根系则会容易腐烂。沙土和黏土不太适合苜蓿的生长，酸性的土壤也不利于苜蓿的生长。中性和微碱性的土壤是最好的选择，这是因为根瘤菌不能在 pH6 以下的环境中形成，钙的含量在 pH5 以下也会不足，所以在酸性土壤想要进行苜蓿的栽种，需要提前加入石灰。1983—1984 年在 pH5.74 的昆明贫瘠红壤引种成功，种苜蓿后土壤 pH 提高到 7.15。苜蓿有较强的抗盐性，但种子不耐盐，一般烘干土内总盐量超过 0.3%，氯超过 0.03%，幼苗即受盐害。为了使种子能在盐土地上发芽，播前应灌水洗盐，或雨后播种才易于出苗。至花蕾期苜蓿的耐盐碱性大大增强。

4.苜蓿对养分的要求

苜蓿从土中吸收的养分比禾谷类多，与小麦比较，氮、磷多 1 倍，钾多 2 倍，钙多 10 倍；比豌豆所需养分多 2 倍。据分析，每生产苜蓿干草 1000 千克，约需氮素 12.5 千克，磷素 3.5 千克，氧化钾 12.5 千克，因为它的根瘤菌能固氮，所以只有在刚种植上时需要氮肥，到种植的后期就可以不用施或者是少施氮肥。但是苜蓿对于磷肥的需求很大，施磷能促进叶片的生长，帮助茎枝的发育，促进植物根系的强壮，更能够提高土地的肥沃程度。但磷肥的作用有一定的延迟，施用的季节为冬季，等到春季苜蓿开始生长之后，即可充分发挥肥效；施微量元素硼、锰、铜对苜蓿的增产效果很显著。

5.苜蓿的光照

苜蓿较为喜欢阳光，需要接受长时间的日光照射，晴朗的天气是苜蓿生长的好时候，因为这个时候的光照最强。在恒定温度的条件下，苜蓿的干物质积累会受到阳光的影响，阳光越强，养分积累的也就越多。苜蓿就很高的阳光转化率，叶子的密度较大，叶丛多，生长时间长，光能利用率能够达到 1.2%，其他的农作物光能利用率只能达到 0.4% 的水平。

（四）栽培技术

紫花苜蓿一般有三种播种方式，分别为条播、撒播与穴播。在秋天的时候，就要提前进行一些准备工作，比如翻土、施肥等，在播种之前也要把草灭好，这是因为种子比较小，所以这些工作可以将土壤整平，便于精耕细作，使苗能够良好生长。春播主要用于春季墒情好、风沙危害小的地区，也可在早春时期进行耕种；夏播多用于春季土壤干燥、晚霜或风沙过大的地区；秋播与冬小麦播种的过程比较相似，具有墒情好、返青早、杂草发生率低等优点。在一些春季干燥和寒冷的地区，经常使用冬播的方式，因为可以利用苜蓿的耐低温能力，以便顺利过冬。除草应在早春播种前的时期进行，在除草时应该使用一定的专门化学剂如敌草隆对土壤进行处理，在杂草还没有长出来的时候，就把杂草消灭，然后再进行播种处理。

紫花苜蓿的硬实率也不低，可以达到 5%～15%，甚至更高。新收获的种子硬实率更高，有 25%～65%，随着时间的推移，硬度逐渐降低。种子在 10 年以上仍可发芽。由于种子吸水困难，发芽率低，所以将种子经过暴晒之后，可以将种子的发芽率提高 19.7%。在同年夏季或秋季播种时，将一份种子与 1.5 至 2 倍的沙子混合在一起并碾压处理，也能起到提高发芽率的效果。将种子浸泡在万分之一钼酸铵及万分之三硼酸溶液，发芽率可以分别提高 11.5% 和 9.8%。

一般的播种量为每 667 平方米 0.5～1 千克种子，播种深度为 2～3 厘米。最好在播种之前将种子碾碎一次，保证种子的播种深度在合适的范围内。

在 2500～2700 米的山地牧场种植苜蓿时，应选择耐寒性更好的种子，在播种的那一年不应该刈割，可以使用壅土处理的方法，提高紫花苜蓿的越冬能力，将越冬之后的成活率提高到 93.5%；或者将苜蓿种在沟里，第二年返青率可达到 61.9%（如果在平地上播种，超过 59.4%）；还可以使用磷肥，提高越冬能力，使越冬率达到 65.4%。

苜蓿的轮作和倒茬取决于耕作的方式、土壤环境和耕作目的，翻耕倒茬的方法一般会在 5～6 年之后。产量开始有下降趋势的时候使用。与多年生草混合在一起，可以确保产量稳定在一个水平上，延长的效果也更好。六年的苜蓿与鹅观草混合起来进行播种，每亩可产干草 28.87 千克，比单次播种的产量增加了 164.7%。根据当地的经验，如果要 4 年进行一次倒茬，那么这个地区就是牧草的产量区，提高倒茬的频率能够将土地养肥沃；如果在 4～6 年进行一次倒茬，说明这个地区的种植环境也不太好，农业的劳动力不足；如果 5～6 年倒茬一次的话，主要的目的是保持水土。翻耕也要看季节和气候，在降水之后的雨季应该进行翻耕，因为这个时候的气温和湿度都很容易造成根的腐烂。在较为干旱的地区，不要在春天进行翻耕。

在干旱的播种地区，紫花苜蓿会使土壤中的水分含量降低，因此，由于这个地区会产生缺水的情况，小麦不能够获得很高的产量。因此，在灌溉条件不太好的地区，在苜蓿的后茬播种前，最好提前进行先播种一年的中耕作物，让紫花苜蓿的养分能够被土壤吸收，同时为以后的粮食作物保留土壤中的水分。

如果需要提高播种土壤中蛋白质的含量，可以采用将紫花苜蓿和多年生禾草混合播种的方法。这种方法可以改善土壤的质量和土地的肥沃程度，增加牧草的产量。在东北地区，一块土地种植紫花苜蓿达到 3 年或者 4 年的时间，可以与春小麦轮流种植。

紫花苜蓿有两种用途，分别是采草与采种，并且可以一起使用。在北方地区，大多数种子留在了头茬，在第二茬中收获，不能在夏播的同一年就进行刈割，第二年使用头茬采种的方法；在南方地区，以 2～3 茬草留种，每 667 平方米采种 7.2～11.9 千克。

紫花苜蓿有三种比较常见的病虫害类型：

（1）霜霉病。这种病虫害对植株的叶子产生影响，病株顶端的叶子会出现发黄和萎缩的现象，叶子也会产生卷曲的情况，叶子的背面会生出一层呈淡紫褐色的霉层，叶片在此病虫害严重时甚至会出现枯死的情况。气温、湿度高的环境中较常出现这种病虫害。如果在发病初期发现，也可以进行防治，可以使用波尔多液（硫酸铜 5 克，熟石灰 5 克，水 1000 克），将药液喷洒到叶子的背面。也可以提前对病株进行刈割，防止病虫害的程度加深。

（2）褐斑病。褐色病斑出现在植株的多个部位，发展到后期，黑色的颗粒也会出现到病斑上，这样的蜡状颗粒就是病菌的子囊盘，并继续进行散播。病害的适宜条件是 10.2～15.2 ℃，空气湿度为 58%～75%。此病害发展得较为严重的话，落叶率会达到 40%～60%。采用种子精选和消毒的方法可以有效防治此种病害，波尔多液和石灰硫黄合剂可以播撒到种子田里。

（3）如果出现了场虫、潜叶蝇等虫子，使用 40% 乐果乳剂 1000～2000 倍液喷洒，能获得较好的效果。使用 0.5%～0.8% 的稀释浓度的敌百虫，不要高于 1% 的浓度，进行早、晚的两次喷洒，就能够达到防治的效果。

（五）经济价值评价

紫花苜蓿具有多重的作用，不仅能够作为一种产量高、质量高的作物，而且能固定土壤中的氮，还能够提高土地的肥沃程度、防治水土流失等，并可帮助人类度过荒年，经济价值远超其他牧草。紫花苜蓿在饲用价值上的突出优点如下。

（1）营养物质含量较高，草质好，便于喂养家畜。紫花苜蓿茎叶中的营养成分比较多，主要有蛋白质、矿物质、多种类型的维生素及胡萝卜素等，叶子中的营养成分是最多的。在紫花苜蓿还未成长起来时，叶片重量占全株一半左右，叶片中的粗蛋白质含量比剩余的部位高 1～1.5 倍，而粗纤维含量比剩余的部位少一半多。在同等面积上紫花苜蓿的可消化总养分为禾本科牧草的 2 倍，可消化蛋白质和矿物质分别为禾草的 2.5 倍和 6 倍。

紫花苜蓿的茎和叶可以作为青饲料、青贮饲料、干草或制作成混合饲料，受到许多家畜的喜欢，在养殖猪禽的时候可以使用紫花苜蓿进行喂养。它也可以作为人类食用的蔬菜，幼嫩期味道更好。

（2）产草量高，利用年限长。紫花苜蓿的产草量因生长年限、栽培地区的自然条件及管理水平不同变化很大。紫花苜蓿的寿命可达 3 年以上，田间栽培利用年限多达 7～10 年，进入高产期之后，随年龄的增加而下降。总的规律是随着海拔高度的升高，有效积温下降，越冬率和产草量逐渐下降，种子成熟度越来越差，直至完全不能结籽，但生长利用年限随之延长。一般在海拔 1700～2300 米的地区种植，均能安全越冬；在海拔 2300～2800 米的地区自然越冬率可达 40%～60%；在海拔 3000 米左右的地区只要在入冬前稍加土覆盖，当年播种的幼苗亦可越冬。

（3）具根瘤，能固氮，可改土肥田。紫花苜蓿在草粮轮作和间、复、套种中可起重要作用。据测定，每 667 平方米苜蓿一年可在土壤中积累 4～7 千克氮素，相当于 8.7～15.2 千克尿素，长过 3～4 年的苜蓿地，每亩遗留的根茬鲜重约 1330～2667 千克，不仅可以改良土壤的团粒结构，而且还增加了土壤养分。

（六）利用价值

（1）苜蓿干草。苜蓿最重要的利用方式是调制干草饲喂家畜。

收割时期：决定收割时期有两个原则：第一是产量最多，第二是营养价值最高。苜蓿从始花到盛花期产量最高，花期约为 7～10 天，因此调制干草要在始花后选晴天及时收割，绝不要延至盛花后，否则不仅产量降低，蛋白质也显著减少，纤维质反而增加。重要的是要避免掉叶子，这是制作苜蓿干草时必须牢记的事情。建议在苜蓿稍微有些凋零的状态时放在地上，挤出茎部的水分，这样能够很快地完成工序，而且叶子的损失也少。用于喂养猪和鸡的苜蓿粉应在花蕾期收割下来，加工成干草，然后研磨并与精料混合。

收割次数：苜蓿由花蕾至盛花期生长最旺盛，叶片制造的养料最多，多余的养分送至根内贮存，以利再生，所以第一次收割以始花期为最宜。水肥条件好时，每隔 35～45 天割 1 次，全年割 3～4 次。但刈割次数不宜过多，否则根内蓄积养料少，再生力弱，引起缺苗减产。如只收割 2 次，枝叶干枯，不但品质差，且产量也会下降。

（2）青饲。青饲更适合喂养家畜，便于消化，方便养出家畜的脂肪，被毛的光泽也更好。使用青饲料应注意在收割之后就要立马使用。不要把它堆放过夜，因为高温会使它变黄，家畜可能会拒绝食用。每日每头饲喂量：役畜 30～49 千克，奶牛 25～30 千克，母猪 10 千克，大羊 5～7 千克，鸡 10 只 1～1.5 千克。

（3）放牧。苜蓿因茎柔叶嫩，不耐家畜践踏，放牧会伤其生机使之减产，所以不在苜蓿地放牧，特别是青嫩的苜蓿地。雨后或有露水时应绝对禁止放牧，此时放牧最易发生臌胀病而导致家畜死亡。这是因为苜蓿茎叶中含可溶性蛋白质在瘤胃皂化产生持续性泡沫，致使瘤胃中发酵产生的气体不能排出而致臌胀。使胃或瘤胃扩张、臌胀后暴破，使家畜致死。第二、三茬的老苜蓿，生长不旺时可用以放牧，一次放牧的时间也不能太久。苜蓿和禾本科牧草混种者可以轻度放牧。

（4）半干。青贮苜蓿的水分含量比较高，含的蛋白质也比较高，淀粉少，糖分也较少，因为最低糖分含量不够，所以苜蓿在青贮时，最好和玉米混合在一起。现在一般情况下，会使用苜蓿配制半干的青贮料，在苜蓿刚开花和花最繁盛的时候进行收割，让苜蓿的水含量减少，切成半干的青贮饲料，可以为家畜的饲料增加许多蛋白质。

（5）特种。青贮料加 85%～90% 的蚁酸（甲酸），每 1000 千克苜蓿加 2.8～3.0 千克，分层喷洒在原料上，贮于青贮窖中；或加糖蜜，每 1000 千克苜蓿加 28 千克；或加磨碎的麦芽，其量为苜蓿的 20%。

二、白三叶草

白三叶草，又称白车轴草、三叶草、荷兰翘摇，是世界上种植和栽培最广泛的牧草之一。它于 20 世纪 20 年代进入中国，现在广泛分布于全国 20 多个省市。

（一）植物学特征

白三叶草是一种多年生的草本植物，属于豆科植物车轴草。主根很短，具有发达的侧根和丰富的须根。茎处于匍匐的状态，叶面上有 V 形的白色斑纹。从叶腋长出的比叶柄长的花梗上，生长着头型总状花序。荚果为长卵形，每一荚中有 3～4 颗种子。种子呈心形，重 0.7～0.9 克，每千克含有 140 万～200 万颗种子。

（二）生物学特性

喜温暖湿润气候条件，种子发芽最低温度 7～8 ℃，最适温度 18～22 ℃，最高温度 30～35 ℃。15～25 ℃是牧草生长的最恰当温度，500～800 毫米的降水量是牧草生长最适合的量。种子在吸收了自身重量 100%～120% 的水分之后才能够达到发芽的条件。如果土壤有足够的水分和潮湿的空气，生长的速度就会提高，喜光，适合在开阔和向阳的地段生长，林下和高大的密草丛中生长不良。白三叶草对土壤要求不严，除盐渍化土壤外，它可以在所有土壤类型中种植和生长。但是它在排水良好、富含有机物的深厚土壤中生长起来会更茂盛。白三叶草在酸性土壤有一定的耐受性，但是不能在碱性土壤中很好地生长。

（三）栽培技术

1. 整地与施肥

白三叶草的种子很小，生长缓慢，所以有必要对土壤进行整地。秋季的犁地深度应为 18～20 厘米。犁地后，必须及时耙地和压实土壤，以确保土壤内部疏松，外部坚实。如果在许久没有种植的草地上种植白三叶草，必须翻动土壤以去除杂草。在斜坡、排水沟、沟渠和其他坡地上种植白三叶草时，应清除杂草，平整土壤，横向开辟深沟，种植时应把坡地改造成梯田。白三叶是一种固氮植物，但在形成根瘤之前需要大量的养分，因此每亩要用 3000～4000 千克的有机肥料施肥，肥料的效果可以持续 3～5 年。

2. 播种

白三叶草种子硬实率较高，播前需硬实处理。具体处理办法是：用磨米机碾磨 2～3 次，少量的种子可在适量稀疏酸中搅拌 3～5 分取出，洗净，晒干后播种，均可取得良好效果。白三叶草一年四季均可播种，北方为春播，中原为秋播，南方为冬播。春播一般在 3 月下旬到 4 月上中旬，秋播一般在 8 月中旬到 9 月中下旬。白三叶草的播种方式主要是条播，也可以使用撒播的播种方式。可以进行 30 厘米的单条播种，也可以进行 60 厘米的双条播种。在春季播种时，必须要注意土地中的杂草和地下害虫，并提前处理好这些问题，少用氮肥才能够促进幼苗快速生长。在缺磷和缺钾的土壤中，应在播种的过程中施用磷肥和钾肥。白三叶草可以单独播种，也可以混合播种，如果使用混合播种的方法通常是黑麦草、鸡脚草和白三叶草的混合，禾（禾本科）豆（豆科）比的播种比例为2∶1。由于白三叶草可以在阴凉的地方生长，在许多地方，它可以与粮食作物（通常是玉米）一起套种，在白三叶草生长的区域上挖洞，播种玉米，植株间的间距为1米×0.3米，单株留苗；也可以在条播的白三叶草区域上挖洞，播种玉米，植株间的间距为1.2米×0.4米，双株留苗。这两种方法都能有效控制杂草的生长，提高土壤的作物生长潜力，增加产量。

3. 田间管理

白三叶草在幼苗时期的生长速度较为缓慢，要注意在生长的过程中及时处理杂草，每年还要根据土地的缺肥情况，适时地追加施肥。在混合播种的草地上，要让禾草的高度在人为的控制之内，使白三叶草不会因为荫蔽过于严重，而影响总体的产量。白三叶草苗期易受小地老虎、黑蟋蟀、豆莞菁等危害，可用药物诱杀；白三叶草病害较少，但收获不及时也有褐斑病、白粉病的发生，可先刈割利用，再用波尔多液、石灰硫黄合剂或多菌灵来防治。白三叶草在初花期就可以进行刈割，但是春天播种的第一年产量较低，每亩只能达到700~1000千克鲜草。从第二年开始，每一年都能够刈割3~4次，每亩的鲜草产量达到2500~3000千克。

4. 营养与饲喂

白三叶草中富含营养，草的品质较高，比较适合用于畜牧的喂养，消化的效果较好。在盛花期时，干物质的含量能够达到15.8%，其中粗蛋白质的含量为23.3%，粗纤维的含量为16.5%，钙的含量为1.5%。白三叶草的植株不高，叶子的数量较多，比较适合畜牧的啃食和多次的放牧使用。在用于放牧时，白三叶草比较适合和禾草进行1∶2比例的混合播种，这样不仅能够获得合适的干物质及粗蛋白质的产量，又可以对臌胀病起到防治的作用。在混合播种的土地上应该使用轮牧的方式，每次的放牧应该间隔三周的时间。白三叶草应该主要使用青刈青饲的方式，在收割之后，就要及时进行喂养，每次喂养的数量应该在控制范围内，防止胀气的出现。在喂养牛羊的时候，可以直接喂养，也可以在加工处理之后喂养，加工的方式有粉碎或打浆。生长期比较短的白三叶草可以做成草粉，来喂养猪、禽、兔等。将白三叶草的植株投放到鱼塘之中，也可以获得很好的效果。白三叶草也可以和鸡脚草、黑麦草等禾草混合在一起形成青贮饲料，不仅可以作为精料使用，还可以成为冬春时期的储备料。白三叶草的生长能力较强，在花期中还可以用作调制干草。

三、沙打旺

（一）概述

沙打旺又叫作麻豆秧、薄地霉、沙大王。原产地在我国的黄河故道地区，栽培的时间已经有近百年了。近年来，随着畜牧业的持续发展以及人们对水土保持的不断重视，沙打旺的种植引发了人们的关注，一开始种植在山东、河南等地，后来推广到全国，栽培面积也在不断地提升。

（二）形态与特性

沙打旺的植株高 1～2 米，根茎和茎的上半部分可以形成大株丛。主要的根茎较为粗壮，可以深入土地达 2～4 米，根系的幅度有 1.5～4 米，在根茎上生长着大数量的根瘤，在较为干旱的地区，根茎的长度能深入 6 米的位置，侧根的数量也较多，根幅可以达到 150 厘米。奇数羽状复叶是叶子的特征，小叶可以达到 7～25 片的数量，呈现出卵形或长圆形的形状。在总状花序中，花朵可以达到 17～79 朵，蓝色、紫色或蓝紫色是花的主要形状。荚果三棱状圆柱形、长圆筒形或长椭圆形，种子的数量为 9～11 粒，黑褐色，呈现为肾形，千粒重 1.5～1.8 克。

（三）经济价值

沙打旺是一种产量较高的牧草种类，在种植 2 到 4 年之后，每亩可以达到 2000～4000 千克的鲜草产量，如果从干草的角度上计算，就可以达到 600～800 千克的产量。即使是在水土条件较差的地区，每亩的干草也能够达到 200～300 千克的产量，种植一次，可以收割 5～6 年。

沙打旺的根系茂密，具有很强的固氮能力，可以帮助土壤结构的提升，改善土壤的肥力。如果到了种植的第四年，每亩地的土坡中将会有多于 5 吨的有机物。

沙打旺在开花初期，根系中含氮 1.58%、磷 0.25%、钾 0.43%。土壤在种植沙打旺之后，产生的肥力会残留 3～5 年，在土壤上种植的下茬作物也会有 20% 产量上的提高。

沙打旺可以起到防治风沙的作用，同时可以促进水土的保持和发展。如果在水土容易流失的区域进行种植，比如风沙地、沟渠、坡面等，可以获得最大的效果。

（四）栽培技术

在除了较为低洼的内涝地之外，沙打旺在荒地和耕地也都可以进行种植。沙打旺可以分为早熟种和晚熟种两种类型。早熟种比较适合在北方进行大范围的种植，可以自行采种，但是产量不是很高。晚熟种的种植全国都有，较为适宜在华北、东北南部和西北等地进行种植，产量比早熟种高，但是种植的区域越向北，种子的成熟度就越低。在播种较为新鲜的种子时，在播种之前最好提前把种子碾磨一遍。播种可以在三个季节进行，分别是春季、夏季和秋季。如果想要在春季进行种植，就要在前一年将土地整理好，在早春顶凌进行播种。在早春时期，土壤较为湿润，幼苗生长的速度较快。如果想要在长满草的荒地上种植，就要提前将草除去。在夏天播种，幼苗的生长速度也较快，土地上的杂草比较少，一般适合播种的时期在 60 天的生育期内，在这个时间内，越早播种越好。秋播实际上是寄籽越冬播种，这种播种的方式，会让苗生长得较快较早，小苗是较为强壮的，在霜降之后必须开始播种，否则小苗会有被冻死的风险。在风蚀地是不能进行秋播的，秋播本来就会出现缺苗的情况。每亩地应该播种 0.25～0.50 千克的苗，1.5～2.0 厘米是最为合适的播种深度，播种完成之后，必须要镇压 1 次或者是 2 次。在东北地区，可以使用垄作壤种的方式；在华北地区，可以使用抽种的方式。但是在播种时都必须加宽播种的幅度，这样产量才能够提高。沙打旺在幼苗时期，生长速度是十分缓慢的，这一时期的杂草生长速度也非常快，所以除草工作必须进行。等到苗长到了统一的高度，除草也该开始了，间隔 15～20 天再除草一次。每次除草结束之后，就要进行培土。在除草三次之后，杂草的生长就可以得到很好的控制了，沙打旺就能够更好地生长了。

四、红三叶

（一）概述

红三叶别名为红车轴草、红荷兰翘摇。起源地在小亚细西亚及欧洲西南部，进入我国之后，在四川、江西、湖北、湖南、贵州、云南、新疆等省（自治区）有广泛的栽培，也有野生的红三叶生长。红三叶较为适合在我国的亚热带高山地区种植，这一地区的气候为低温多雨。如果地区的水肥条件比较优越，也可以进行种植。

（二）形态与特性

红三叶是豆科三叶草属短期多年生丛生性草本植物。主根较为容易辨认，进入土壤的深度不大，根茎的三分之二在 30 厘米之内的土层之中，侧根数量较多，根瘤的数量多。茎圆，中空，位置为直立或斜上，长度为 90~150 厘米，分枝的能力较强，通常会有 10~15 个分支，甚至可以达到 30 个，在开花之前，株丛的数量就会达到很多。掌状三出复叶，都在叶柄顶端生长着，叶柄的长度可以达到 3~10 厘米。形状为小叶卵形或长椭圆形，长度为 3~6 厘米，宽度 2~3.5 厘米，底部较宽一些，先端比较狭窄，叶面上有倒 "V" 形斑纹，为灰白色。托叶膜质，面积较大，长度大概在 2 厘米左右，紫色脉纹在上面生长着，大部连于叶柄，先端尖锐分出。茎叶上都生长着茸毛。头形总状花序，集中长在枝梢或腋生小花梗上，小花数量较多，可以达到 35~150 朵，呈现红色或淡紫红色，异花授粉。萼片膜质，有毛生长，形状像钟，有尖齿 5 枚，1 枚较长。荚小，横裂，每个荚有 1 粒种子，形状为肾形、椭圆形、近似三角形，颜色为黄褐色或紫色，千粒重 1.5~2 克。

（三）经济价值

红三叶中蕴含着十分丰富的营养物质，尤其是蛋白质的含量非常高。在花期中，干物质里含有粗蛋白质 17.1%，粗脂肪 3.6%，粗纤维 21.5%，无氮浸出物 47.6%，粗灰分 10.2%，氨基酸和多种维生素的含量也非常高，草的质地感觉非常柔软，比较适合喂养牲畜，许多牲畜都喜欢吃红三叶。最适合喂养牛和羊，也可以喂给马、鹿、鹅、鸭、兔、鱼等。用红三叶做成的草粉也可以喂给猪，如果在鸡的混料中加入一定比例的草粉，可以起到提高产卵率的效果，并能减少疾病的产生，促进动物的生长。可以在种植红三叶的土地上放牧，也可以将红三叶制成干草，储备起来使用。注意不要给反刍动物大量喂养鲜草，可能会导致动物发生臌胀病，影响动物的生长。

红三叶的根系长而发达。根瘤的数量也很大，从孕蕾到开花期根系具有很强的固氮作用，能够在每亩土地上给土壤增加 10 千克左右的氮素，提高土地的肥力，便于土地发展中长期的轮作农业活动。根系进入土壤较深，能够起到固定水土的作用，在地面的覆盖面积也较大，能够更好地保持水土，还能够在坡面的土壤上进行种植。在最需要营养的生长期，也能够很好地耐荫蔽，所以在林地中也能很好地种植，并且可以起到促进微生物发展和保护土壤的作用，使林木茂盛生长。

红三叶还较为适合在城市的绿化带中种植，因为其叶子的形状比较好看，而且颜色也比较亮丽，开花的时间比较长。

红三叶还可以在药物中使用，过去的人常常用红三叶来治疗百日咳、痛风和毒瘤，也用它来治疗哮喘、支气管炎、咳嗽、脚气、湿疹、牛皮癣等病症。研究发现，三叶草中含有多种的异黄酮类物质，对"富贵病"有很好的防治作用，也能够防治妇女更年期综合征、多种癌症、心血管疾病、骨质疏松、动脉硬化等，具有很好的开发和发展前景。

（四）栽培技术

（1）土壤的耕作和红三叶的施肥工作不能同时进行，红三叶不能被水淹，如果要在同一块土地上对红三叶进行连续播种，必须要等待 4~6 年的时间，否则就容易形成积水的地块。

要提前挖好沟渠，方便及时进行排水。红三叶适合生长的土地是土层深厚肥沃的，土地的性质为中性或者微酸性，适合生长的 pH 为 6~7，最好能够在肥力较好的黏壤土上种植。红三叶的种子较小，苗的出土效果不好，在播种之前，要对土壤进行翻种，使土壤变得更加疏松、土块较小，方便苗的出土。在上半年对土地进行收获之后，应该及时地翻耕，完成除草，蓄水保墒，目的是方便第二年的播种。在灌区中，应该补充好水分，并在翻耕整地的同时把肥料施好，每一亩的有机肥料量要达到 1500～2500 千克，过磷酸钙含量为 20～30 千克。在播种种子田时，还应该再施加一些速效氮肥。

（2）在播种种子田时，要使用符合国家和省级牧草标准的高质量种子，也就是Ⅰ级种子。在播种普通的牧草生产种子时，Ⅰ、Ⅱ、Ⅲ级种子都能够使用。在进行播种的时期，如果在温度较高、水分条件较好的地区，最好秋播；如果是海拔较高的地区，在春季和夏季播种最好；如果要进行秋播，要留足幼苗在过冬之前的生长期，起码要有 1 个月以上的时间。播种的方式可以选择条播也可以使用撒播、混播和单播的方法。如果在种子田里进行播种，要使用单播、条播的方法，行距应该保持在 30～40 厘米；如果在牧草和亩地进行播种，应该使用撒播和条播，行距应该保持在 20～30 厘米。在播种之后，播种的深度要达到 1～2 厘米。总体的原则是，如果土壤的条件基础不好，那么播种的种子量要大，要深入土壤；如果播种的深度太深，种子即使消耗尽了营养物质也很难能够出苗。红三叶和禾本科牧草进行混合播种时，如果处于高寒、水分大的区域，比较适合使用猫尾草；在温度高、水分条件好的地区，比较适合使用黑麦草；而在温度高、水分小的地区，比较适合使用鸡脚草，通常情况下的混播比例为 1 : 1。

（3）在管理红三叶的幼苗时，如果发现幼苗的生长速度比较慢，那么杂草的生长可能会对幼苗的生长产生威胁，在幼苗生长时，应该经常除杂草，帮助幼苗生长。如果在出苗之前，出现了土壤板结的现象，就要使用特殊形状的工具及时将板结层破坏掉，帮助出苗更加顺利。如果是和保护作物播种在一起的，到了时间，要及时收割保护的作物，减少抑制效果的产生，保护作物的留茬高度应该在 15 厘米以上，这样才能保护红三叶的安全过冬。如果草地上已经连续两年种植了红三叶，那么在早春时期返青之前、每次收割之后、放牧结束后都要耙地松土，使土壤更通透一些，深度达到 2～3 厘米。红三叶对磷、钾、钙等元素的需求较高，和耙地过程中需要的量结合在一起计算，需要草木灰 30 千克、磷酸钙 20 千克、钾肥 15 千克。如果在种子田中，用 4% 的氮、磷、钾盐溶液喷洒到处于盛花期的作物，这个过程叫作根外的追肥，可以帮助作物提高种子的产量。在每次刈割放牧结束之后，要对灌区进行灌溉，频率是每年 2～4 次。红三叶不会经常出现病虫害的问题，但是菌核病出现的频率稍高，一般会在早春下完雨之后出现，主要会影响到根茎和根部的生长，石灰和多菌灵都可以起到防治的作用。

五、红豆草

（一）分布

我国新疆天山北坡有野生种，现甘肃、宁夏、陕西、青海、四川阿坝红原、西藏的拉萨、日喀则等地都推广种植红豆草，红豆草成为干旱地区很有发展前途的重要豆科牧草。

（二）植物学特征

红豆草为豆科红豆草属多年生草本植物，根系强壮。茎直立、粗大，株高50～120厘米，圆柱形，嫩绿中空；茎从根茎上分生出多数分枝，也从叶腋处分枝条。奇数羽复叶。总状花序，花冠粉红色；荚果较大，卵圆形，黄褐色，具网状纹不裂开，边缘有锯齿5～6个，似鸡冠；每荚1粒种子，带荚千粒重16～26克。

（三）生物学特性

红豆草喜温凉干燥气候，适应性较强，耐寒、耐旱、耐瘠。红豆草抗寒性较弱，耐寒性不及紫花苜蓿，而早春萌生期较苜蓿早10～15天，生长较快。夏季的干热影响红豆草生长，但较苜蓿为轻。红豆草从返青到成熟需 ≥ 10 ℃积温为1600 ℃，适于温暖半干旱地区、年平均气温8～12 ℃地区生长。由于根深，抗旱性较苜蓿强，但有些则逊于苜蓿。在我国降雨量400～550毫米一带的甘肃、宁夏、陕西、山西等半干旱地区，红豆草是很有价值的豆科牧草，但最忌水淹，水淹5天即全部死亡。适于石灰土壤，在干旱瘠薄的砂砾土及沙性土壤上也能生长，以pH6～7.5为宜，酸性土壤和地下水位高的土地以及弱盐土均不利于红豆草生长。

（四）栽培技术

红豆草可带荚播种。其千粒重15～18克，带荚千粒重20～24克。我国北方以春播为宜，而华北和华中地区可夏播或秋播。作割草用每亩播量5～6千克；作为采种用，每亩3～4千克。割草用的行距为20～30厘米，种子田行距为30～45厘米。播深3～5厘米，在干旱多风地区，播后必须及时镇压，以利保苗。

红豆草播后出苗前，不宜灌水，如遇降雨使表土板结时，需要及时抢耙，以利出苗。红豆草在苗期生长缓慢，易受杂草危害，应及时除草。在生长初期或每次刈割、放牧后，要追施化肥和石灰，与灌溉结合进行，以促进生长和再生。

红豆草适宜的刈割期是孕蕾期，但产草量略偏低，草质好，蛋白质含量和消化率高，刈割后再生草生长迅速、产量高；若盛花期、结荚期刈割，产草量较高，但荚质差，粗纤维多，叶量少，再生性、蛋白质含量和消化率均逊于孕蕾期刈割的鲜草。

红豆草的留茬高度，对头茬草的产量影响极大。即留茬越高，其产草量越低，但对再生草无明显影响。在一般的耕作条件下，只能刈割2次，再生草产量为第一次刈割产量的50%～60%。再生草可用于放牧和调制干草。红豆草的分枝期，茎约占30%，叶占70%；在盛花期，茎约占58%，叶占42%；结荚期茎约占60%，叶占40%；种子成熟期，茎约占62%，叶占38%。

红豆草为春播型牧草，播种当年即可开花结实，但是第一年亩产种子仅5～12.5千克，第二年到第五年产种子量最高，亩产种子可达60～70千克。若头茬收草，二茬收种子，种子产量因头茬草的收割时间而异。红豆草生长到五年以后，由于自疏作用，杂草也随着侵入，产量逐渐下降。红豆草的落粒性强，边熟边落粒，故采种时不宜过迟。红豆草种子不像紫花苜蓿种子那样可长期保存，易失去发芽力，一般情况下只宜保存3～5年。

（五）经济价值评价

红豆草可以用作青饲，可以存储，在放牧中使用，也可以进行加工，和其他草料进行混合。

红豆草的干草或鲜草，其蛋白质含量均高，维生素矿物质含量也丰富。

红豆草的消化率比较高，幼苗期约为75%，花期降至70%，花后降至65%以下，割后再生草又有所降低。

（六）利用技术

（1）青饲红豆草茎中空而青脆，气味芳香，适口性极好。青饲的效果与苜蓿相近，各种家畜均极喜食，红豆草开花后期则变得粗干，营养价值降低，纤维质增多，不宜青饲。

（2）红豆草在暖温带一年可收割 2 次或 3 次，再生草用以放牧。寒冷地方，年收割 1 次，再生草也用以放牧。

总的来说，红豆草适口性好，绵羊喜食，优于苜蓿和红三叶。在红豆草牧地上放牧家畜，不发生臌胀病。红豆草花色艳丽，可作蜜源和观赏植物。

六、小冠花

小冠花，又名多变小冠花、绣球小冠花。小冠花可以作为饲用、水土保持、绿肥、蜜源植物，还可作为美化庭院、净化环境的观赏植物。

（一）特性及品种

1. 特性

小冠花喜温又耐寒，生长的最适温度为 20～25 ℃，超过 25 ℃和低于 19 ℃时生长缓慢。种子发芽最低温度为 7～8 ℃，25 ℃发芽出苗最快。耐寒性强，在陕北 –30～–21 ℃的低温条件下能安全越冬，在山西右玉能忍耐 –42～–32 ℃的低温。在山西太谷地区，3 月上旬平均气温达 28 ℃，地温 4.6 ℃，不定根即可萌发出土，直到 12 月中旬平均气温为 –2.7 ℃时植株才完全枯黄。

小冠花根系发达，抗旱性很强，一旦扎根，在干旱丘陵、土石山坡、沙滩都能生长。在黄土高原地区，种植在 25° 坡地上的小冠花，在 7～8 月份降水量为 39.2 毫米，0～30 厘米和 50～100 厘米土壤含水量分别为 3.6%～5.0% 和 6.0%～8.0%，最高气温为 36.4 ℃的炎热干旱条件下，其叶片仍保持浓绿，但耐湿性差。如果种植地排水条件不好，根系容易出现腐烂的问题。

小冠花对土壤的要求不高，在较为贫瘠的土地、盐碱地，甚至是道路上也能够生长。适宜中性或弱碱性、排水良好的土壤，不耐强酸，土壤含盐量不超过 0.5%时幼苗能生长，以 pH6.8～7.5 最适宜。

2. 品种

（1）宾吉夫特小冠花

耐寒、耐热、耐旱、耐盐碱、耐荫不耐淹，无病虫害。生命力强，返青早枯萎迟，生长期 250～290 天。覆盖率高，鲜草用于饲喂反刍家畜，每公顷干草产量 9.0～13.5 吨，种子 450 千克。既是优良牧草，又是很好的水土保持植物，还可作绿肥、蜜源及观赏用。在黄土高原、丘陵沟壑及水土流失严重地区，西北、华北、东北海拔 2000 米以下至黄河沙滩轻盐碱地区，降水 300 毫米左右的干旱土石山区，以及长江以南 PH5.2 以上的酸性土上均宜种植。

（2）绿宝石小冠花

这个品种生长的速度较快，能够和杂草的生长形成竞争的态势。生长期 253～285 天，生育期 105 天，蕴含的营养成分较多，蛋白质等物质的含量较为丰富。产量也高，每公顷的干草产量可以达到 10.5～13.5 吨，种子产量有 300 千克。而且可以在较为贫瘠的土地上生长，还可以抗寒，可以用于人工草地的种植，适应养分不足的土壤，起到保持水土的作用，还能当作化肥使用。

（3）宁引小冠花

该品种根蘖延伸扩展力强，在黏土内一年可扩展 2～2.5 米，沙集土内可达 3 米以上。适应性强、耐寒、耐热、亦较耐盐碱，草质柔软，适口性良好，是反刍动物的优良牧草，每公顷鲜草产量 30～45 吨，种子 225 千克。生命力强，繁殖快，枝叶繁茂，覆盖面大，亦可作公路、铁路、水坝、河道、坡地的水土保持、护坡植物。花多色艳，亦为较好的观赏和蜜源植物。在我国北方黄土高原、华北平原以及长江中下游地区种植，均表现良好。

（4）西辐小冠花

这个品种具有很强的抗旱、抗寒性，在年降雨量不足的西北地区仍然可以很好地生长，种植地的最低温度可以达到 18 ℃。可以在较为贫瘠的盐碱土地上生长，但不适合在酸性土壤上种植。产草量高，每公顷鲜草产量 24 吨，种子 15 千克。毒性低，盛花期干草硝基丙酸含量 30.3～31.7 毫克／克，但生产实践中会引起单胃动物中毒。适宜我国西北、华北、西南、华南等地种植。

（二）栽培管理技术

1. 种子处理

小冠花种子硬实率可以达到 70%～80%，播种之前一定要对种子进行处理，其方法主要有：擦破种皮、硫酸处理、温汤处理，以及高温、低温、变温处理等降低种子硬实率。

2. 播种

小冠花种子小，苗期生长缓慢，因此播前要精细整地，消灭杂草，施用适量的有机肥和磷肥做底肥。必要时灌一次底墒水，以利出苗。

（1）种子直播。根据各地气候条件，小冠花在春、夏、秋均可播种，以早春、雨季播种最好，夏季成活率较低，秋播应在当地落霜前50天左右进行，以利于安全越冬。播种量每公顷4.5～7.5千克。条播、穴播或撒播均可。条播时行距100～150厘米；穴播时，株行距各为100厘米。种子覆土深度1～2厘米。

（2）育苗移栽。可用营养钵育苗，当苗长出4～5片真叶时移栽大田。1千克种子可育苗0.6公顷，雨季移栽最好。

（3）扦插繁殖。小冠花除种子播种外，也可用根蘖或茎秆扦插繁殖。根蘖繁殖时将挖出的根切去茎，分成有3～5个不定芽的小段，埋在湿润土壤中，覆土4～6厘米。用茎扦插时选健壮营养枝条，切成20～25厘米长带有2～3个腋芽的小段，斜插入湿润土壤中，露出顶端。插后浇水或雨季移栽成活率高。用根蘖苗或扦插成活苗移栽时，每1～1.5平方米移栽1株，即每公顷大约用苗6000～9000株，种子田尤其适宜种植。

3. 田间管理

小冠花幼苗生长缓慢，在苗期要注意中耕除草，育苗移栽后应立即灌水1～2次，中耕除草2～3次。其他发育阶段可不需要更多管理。

4. 收获

孕蕾到初花期是小冠花青草适宜刈割的时期，刈割高度应该大于等于10厘米，采收种子，由于花期长，种子成熟极不一致，从7月便可采摘，到9月中旬才能结束，且荚果成熟后易断裂，可利用人工边成熟边收获。如果一次收种，应在植株上的荚果60%～70%变成黄褐色时连同茎叶一起收割。

（三）利用技术

小冠花茎叶繁茂柔嫩，叶量丰富，茎叶比为1∶1.9～1∶3.5，无怪味，各种家畜均喜食。可以青饲，调制青贮或青干草，其适口性不如苜蓿。其营养物质含量丰富，与紫花苜蓿近似，特别是含有丰富的蛋白质、钙以及必需氨基酸，其中赖氨酸含量较高。其青草和干草，无论是营养价值还是对反刍家畜的消化率，都不低于苜蓿。小冠花和苜蓿相比较，羊更喜食小冠花。用小冠花青草饲喂肉牛，其饲养效果与用苜蓿作日粮饲喂肉牛无显著差异。

小冠花由于含有 β-硝基丙酸，青饲能引起单胃家畜中毒。小冠花与苜蓿、沙打旺各 1/3 饲喂，或拌于青草饲喂，无不良反应。对牛羊等反刍家畜来说，无论青饲、放牧或饲喂干草，均无毒性反应，还可获得较好的增重效果，是反刍家畜的优良饲草。

小冠花产草量高，再生性能强。在水热条件好的地区，每年可刈割 3～4 次，每公顷产鲜草 60～110 吨。黄土高原山坡丘陵地，每公顷可产鲜草 22.5～30.0 吨。

七、扁豆草

扁豆草，别名扁蓿豆、野苜蓿、花苜蓿、网果葫芦巴。

（一）分布

大部分分布在气温比较低的山地地区，在我国的内蒙古、西藏、黑龙江、陕西等地都有较为广泛的分布。

（二）植物学特征

扁豆草是一种豆科扁豆草属野生多年生草本植物。茎直立，高 20～60 厘米，栽培扁豆草株高达 100 厘米。主根入土深，分枝多，有时斜生；羽状三出复叶，总状花序，腋生花梗较短，花冠黄色具有紫斑纹；种子浅黄色，椭圆形，千粒重 1.24～1.85 克。

（三）生物学特性

扁豆草广泛生长于温带和寒温带的草原、草甸草地，具有抗寒和抗旱的能力，也能够在贫薄的土地上生长，即使是在黑龙江 -35～-33 ℃的极端天气下，也能够安全过冬。解冻时，0～20 厘米土温稳定在 7～8 ℃时发芽返青。幼苗遇 -4～-3 ℃无不受霜害。不耐热，夏季 32 ℃停止生长。

扁豆草的茎直立性较强，栽培条件下株高 100 厘米。据内蒙古农牧学院牧草站资料，扁豆草根系深，主要吸收 0～20 厘米土壤表层的水分。它在第一年返青时期，生长的速度比较慢，到了分枝期生长的速度就加快了，每天都能够生长 1.3 厘米；到了第二年，每天都能够生长 1.0 厘米；第三年开始进入生长期，生长的速度每天都能够达到 1.49 厘米，结实期每天的增长长度下降到 1 厘米。生育期为 120～150 天，一般到了 4 月下旬开始返青，8 月初孕蕾，8 月中旬开花，9 月底进入成熟期，开始结籽。扁豆草是一种中生植物，比较适合在年降水 450～600 毫米的地区生长，降水量低于 450 毫米地区生长情况差一些，但不抗涝。喜富含有机质土壤，微酸至微碱，pH6～8 为宜。

（四）栽培技术

在高寒的位置进行栽培时，在前一年的夏季就应该把土地翻好，并且开始处理杂草，进行蓄水，在初春时期对土地进行耙平保墒，防止土地在风的作用下变得非常干燥。扁豆草的种子体积比较小，所以为了保证发芽的实际效果，必须将土地耕到位，保证种子良好生长。种子的硬度虽然足够，但是发芽的概率并不高，根据高校的实验，使用浓硫酸将种子浸泡 15 分钟之后，可大大地提高发芽率。扁豆草根瘤菌的性质较为独特，在播种开始前应该使用根瘤菌拌种。最好在夏季或者是雨季开始时进行播种，方便植株的发芽和生长。在较为寒冷的地区应该尽早在春季抢墒播种。如果杂草的量比较大，就应该使用氟乐灵对土壤进行处理，这样才能够达到消灭杂草的效果。每次收获之后，应该及时使用肥料。

（五）经济价值评价

我国高寒牧区十分缺乏优良豆科牧草，唯有扁豆草在此类地区广泛分布。它的品质优良，适口性好，各种家畜一年四季都喜食。内蒙古、甘肃、青海、陕西都认为扁豆草是高寒地区建植人工草地的优良豆科牧草，蛋白质含量较高。

（六）利用技术

（1）放牧。扁豆草比较适合进行放牧，比较适合用于牛羊的喂养，一般分枝至开花期是最适合放牧的时期，放牧的程度不应该太重，留茬的高度应该比较高。

（2）调制干草。干草产量少，以盛花期收割为宜。

（3）舍饲。本草用于养兔以花期为好，以切成短截为宜，也可以用来喂养牛羊。

八、山野豌豆

（一）分布

我国北方各地均有分布。适宜在东北、华北、西北和内蒙古等地种植。山野豌豆是禾豆混播草的优良草种。

（二）植物学特征

山野豌豆为豆科野豌豆属多年生、蔓生型攀缘植物，具有发达的根和分蘖系统。茎细软，四棱形，多分枝。叶为偶数羽状复叶，总状花序，花红紫色、蓝紫色或蓝色。种子圆形或长椭圆形，褐色或黑褐色，千粒重 18～21 克。

（三）生物学特性

山野豌豆为喜温的寒地型牧草，分布区域为温带或寒温带。山坡、平原、草地、路旁和荒野等地都有生长。在哈尔滨地区，种子在 5 厘米的土层温度稳定在 5～6 天开始发芽，经 20～25 天出苗；8～10 ℃发芽较快，经 15～20 天就出苗。越冬植物在 5 厘米的土层温度在 10～12 ℃时返青，随着温度的升高而迅速生长，日增高可达 1.0～1.5 厘米。昼夜温差大对生长发育最有利。抗寒性极强，在大兴安岭地区可全部安全越冬，幼苗和成株均能忍受 -6～-5 ℃的寒霜。

山野豌豆为中旱生植物，适宜生长在年降水 500～600 毫米的地方。种子发芽需吸水分为自身重的 100%～120%，适宜发芽的土壤水分为田间持水量的 80% 左右。苗期和成熟期需水较少，现蕾至开花期需水最多。

山野豌豆相当抗旱和耐涝。干旱时能从土壤深处吸收水分，增强抗旱力，而低温或内涝时根部也不易受损伤。因此，山野豌豆既能生长于干燥的山坡地，也能生长于山下低湿地，是到处都能生长的常见植物。

山野豌豆对土壤有良好的适应性，酸性土壤和碱性土壤都能生长，但以多有机质的微酸性至中性土壤为最适宜。山野豌豆可利用 6～8 年。如果管理良好，利用合理，利用年限可达 10 年。

（四）栽培技术

种山野豌豆，要秋翻秋耙地，保证良好的整地质量。这是出苗、保苗、保证地上部和地下部良好生长的基础。山野豌豆为固氮植物，需肥较一般牧草少，但岗坡地、砂质地、盐碱地等也必须充分施肥。一般每亩施半腐熟的厩肥2500千克左右，翻地前施入做基肥。苗期固氮力弱，应施氮肥。山野豌豆种子硬实率高，采种第二年一般为30%～40%，但贮存两年以上的硬实率显著下降。处理方法：小面积播种可用浓硫酸浸泡5～6分钟，洗净后晒干播种；大面积播种需用碾米机，碾磨伤种皮后播种。播种时期可分为春播、夏播和秋播；北方干旱区要早春抢墒播种。春播在3月下旬或4月上旬播种；夏播经播前灭草于6月上中旬播种。华北和西北可秋播，于9月中下旬或寄籽播种。行距30厘米单条播，或60厘米双条播。播种量为每667平方米1.5～2.5千克。播深3～4厘米。播后镇压1～2次。出苗后及时中耕除草，封行时完成三次中耕除草作业。以后各年可根据杂草发生情况，及时拔除蒿类等高大杂草。

山野豌豆易遭蚜虫、红蜘蛛等虫害。害虫密集在生长幼嫩部分，造成植株萎缩，严重降低产量。要早期发现，及时喷洒乐果等进行防治。

（五）经济价值评价和利用技术

山野豌豆适应性强，经人工栽培后成为高产的豆科牧草。种植第2～4年，每667平方米可产鲜草1500～2500千克，最高可达3000千克。山野豌豆有较高的干草率，开花初期刈割，每5000千克鲜草可制1500千克干草。无论鲜草还是干草，都有良好的适口性和较高的营养价值。开花期刈割的山野豌豆，干物质含量为20.2%～31.4%，其中总能为17.90～18.03兆焦耳/千克，消化能（猪）为10.08～11.51兆焦耳/千克，代谢能（鸡）8.87～9.10兆焦耳/千克，粗蛋白质17.6%～28.7%，可消化粗蛋白质（猪）89～120克/千克。矿物质、氨基酸、维生素等含量均与紫花苜蓿相似。

山野豌豆根部发达，茎叶繁茂，也是优良的水土保持植物。

山野豌豆是牛、马、羊的好饲草。牛羊在长有山野豌豆的地上放牧，不喂料也能上膘。在株高40～60厘米时放牧，每次放牧2～3天。重牧易引起草地退化，而牛羊过食又易患臌胀病，均应防止。

山野豌豆开花成熟不整齐，荚成熟后易炸荚，故要适期采种。当植株中部的荚变黄时，即可割下全株晒干后脱粒。也可摘荚，晒干后脱粒。一般每亩可产种子10～15千克。

九、箭筈豌豆

别名春箭豆、春薮菜、大薮菜、普通野豌豆。

（一）分布

箭筈豌豆在我国甘肃、青海、云南、陕西、江苏、台湾、江西等省（区）都有一定的分布。

（二）植物学特征

箭筈豌豆是豆科草藤属的一年生草本植物。茎柔嫩而有明显的条棱，匍匐向上或攀缘向上。叶为偶数羽状复叶，花腋生，花冠紫色或带红色，荚扁平细长，成熟时黄褐色，含种子5～12粒。种子大、圆形或扁圆形，颜色因品种而异，有黄、白、黑、麻、青、褐或淡红色等，千粒重40～70克。

（三）生物学特性

箭筈豌豆比较喜欢温凉的气候条件，能够耐低温，但是不能够在高温的环境中很好地生长，可以作为饲草使用。在3300米以下的地区都可以种植箭筈豌豆。在寒冷的高海拔地区宜春播，在西宁地区全生育期120～150天，因品种不同而异。在同德巴滩地区4月中旬播种，5月中旬出苗，7月下旬盛花，8月底至9月初种子基本成熟。播种后在10 ℃左右时，12～15天出苗；在5 ℃左右的温度时，20～25天的时间中可以出苗；在气候比较干热的情况下，出苗的速度会减慢。在幼苗期，植株的生长速度较慢；到了花期，生长的速度也提高了；花前期生长的速度会根据气温的变化而产生变化；花期以后生长的速度则会因为品种的种类产生一定的差异。

箭筈豌豆比较能够抗寒，但不喜炎热，幼苗能够在-6 ℃的低温环境中顺利生长。虽然耐干旱的能力比较强，但在潮湿的环境中生长的速度更快，水分的变化很能影响生长的速度，在干旱的条件下，生长的速度会变慢。再生水平与刈割时期的留茬高度有十分紧密的关系，在初花时期前刈割，留茬比较高，则再生草的产量能够得到一定的提高。

对土壤的要求并不高，能够在酸性、贫瘠的土地上生长，但是不能够很好地耐盐碱，在pH5.0～8.5的土壤能够生长，但是生长效果最好的是pH6～7的土壤。

壤土和沙壤土排水的条件比较好，最适合作为箭筈豌豆的生长土壤。箭筈豌豆对冰雹有很强的抵抗能力，在同一程度的冰雹环境中，玉米、小麦等作物都会受到很大的损害，但是箭筈豌豆因为叶和茎都比较柔软，所以不会折断。生长后期耐霜冻，20世纪70年代初，在贵德县大史家大队麦茬地上复种的箭筈豌豆，直到11月上旬植株仍保持青绿。

箭筈豌豆的一个突出优点是固氮能力强，在适宜的水热条件下，幼苗出现了三片真叶之后，就开始产生了根瘤，固氮能力也有所提高，营养生长阶段的固氮量占到了绝大部分，固氮高峰期是从分枝到孕蕾期。

箭筈豌豆开始分枝时，最先分出的主茎不久后就会停止发育而死亡，被从叶腋生出的新茎代替，通常有一个茎最长。

（四）栽培技术

箭筈豌豆种子大，播前耕作整地同一般大田作物，每亩施有机肥1500～2000千克，过磷酸钙20千克为基肥，播种时施二铵10千克作种肥，可促进幼苗生长，获得高产。可单播、复种、套种或与燕麦混播，一般宜与燕麦混播，可抑制杂草，产量高，草质好。

单播量每亩5～6千克，收籽用可减少到3.5～4千克。与燕麦混播时，在气温较高的川水、浅山地区如春播燕麦可占其单播量的60%，约每亩9～10千克，而箭筈豌豆应占其单播量的40%，每亩约2.5～3千克即可；如为混播复种，燕麦和箭筈豌豆各按其单播量的一半，即燕麦7～8千克，箭筈豌豆3千克。在气候寒冷的脑山或牧区与燕麦混播时，箭筈豌豆的播量应占其单播量的60%（每亩约3.5～4千克），燕麦占其单播量的40%（约6～7千克）；如箭筈豌豆量不足，也可各占其单播量的一半。

播种时期可根据各地气候条件、播种方式及种植目的灵活掌握。

箭筈豌豆与燕麦混播时，可撒播也可条播；条播时行距20～30厘米；可同行条播，也可隔行条播。箭筈豌豆幼苗的生长滞后于燕麦，有条件时最好隔行条播（即间作），或先播箭筈豌豆，待出苗后再在行间播入燕麦，这样有利于箭筈豌豆幼苗的生长发育，使燕麦与箭筈豌豆同步协调生长。箭筈豌豆为子叶留土型，可适当播深些，应根据土壤墒情以3～4厘米为宜。

箭筈豌豆为一年生作物，除幼苗期注意除草外，管理简便，有灌溉条件的地区应在分枝期和青荚期浇水。在生长和发育的过程中比较依赖土壤中的磷，在收割完成后，土地中经常是氮多磷少，应该多施磷肥，实现氮磷的平衡状态，提升下一批作物的产量。

（五）经济价值评价和利用技术

箭筈豌豆是粮、草、料兼用作物，在农业中的利用价值和经济价值都很高。其茎叶柔软，生长繁茂，叶量大，适口性好，营养成分含量高，是各类家畜和家禽的优良饲草。种子蛋白质含量高达30%，除作家畜精料外，也是加工粉条、粉丝的好原料，并可直接食用。但是在食用的过程中应该注意，箭筈豌豆种子中蕴含着一定量的生物碱和氢甙。其中氢甙在水解之后，可能会释放出一定的氢氰酸，这种物质会造成人和动物产生中毒反应。研究发现，不同类中箭筈豌豆氢氰酸的含量是不同的，但是去除氢氰酸还是比较容易的，因为氢氰酸遇到高温和水就消失了。在进行食品的加工之前，一般还要经过浸泡、清洗、磨碎等工作，氢氰酸的含量也能够得到较大幅度的下降，不会出现中毒的风险，但是最好不要在一定时间内连续进食箭筈豌豆。箭筈豌豆的栽培难度不高，产量高，通常情况下在每亩中鲜草的产量可以达到1500～2000千克，最高甚至可以达到4000千克；在每亩中，籽的产量可以达到100～150千克，最高可以达到250千克。作绿肥压青时，肥分高，沤制堆肥易腐烂，而且在田间固氮期早，肥田养地效果良好，是谷类作物的良好前作。可用于麦田套复种，不占粮田面积，可收粮草兼得之利，是优良的短期草田轮作植物。

箭筈豌豆用以青饲、放牧、青贮、调制青干草、粉碎后与精料混配饲喂均适宜。青贮时要稍晒萎蔫后与其他禾草搭配，或加入少量苞谷粉、青株粉等以增加碳水化合物含量。乐都、民和县群众加食用糖青贮，效果好，但成本较高。调制干草时，刈割的适宜时期为盛花期至初荚期，束捆要小，堆放通风干燥处，防止霉烂变质。在水热条件好的地区，春播的箭筈豌豆可刈割、放牧配合利用，于幼嫩时放牧，再生草刈割晾晒干草。放牧宜在干燥天气进行，防止踏实土壤和连根拔出，避免牛、羊过度采食，影响再生，也要防止牛、羊吃得太饱引起瘤胃臌气。收种子时应在70%的荚变为黄褐色时刈割，并及时拉运到场面，以防充分成熟和干燥后豆荚炸裂落粒。与燕麦混播的适宜刈割期，一般应在燕麦扬花期至灌浆期。但各地气候条件不同，应根据具体情况而定，其原则是要使箭筈豌豆在草层中占有 1/3 以上的比例。早期刈割时，再生草还可放牧利用。

第二节　禾本科牧草种植技术

一、无芒雀麦

无芒雀麦最早在欧洲被发现，在亚洲、欧洲和北美洲的温带地区以及我国的东北、华北、西北地区广泛分布着其野生种。它一般生长在山坡、道旁和河岸。我国内蒙古高原的草甸、林缘、山间谷地、路边草地和河边也是它的主要生长阵地。该草发展至今已经成为欧洲、亚洲地区的重要的栽培牧草。1923 年，我国东北也开始引进改良品种的牧草栽培，1949 年以后更是在各地普遍种植，目前，它已经成为我国北方地区一种很有栽培价值的禾本科牧草。

（一）经济价值

无芒雀麦作为多年生禾本科牧草，具有高产优质的特点。在我国北方种植，每公顷可产干草 4500～7500 千克，一次种植可以有 6 年的稳定产出，在管理水平高的情况下，可以维持 10 年以上的高产出。它的草质柔软、茎秆光滑、叶片无毛，是所有家禽都喜食的牧草，且具有很高的营养价值，是一种放牧兼打草的优质牧草。此种牧草经秋霜后，叶片变为紫色，但口味不变，质地也不会粗老，因此既可以青饲，又可制成干草和青贮。一般每年可以制作 1～2 次干草、再生草，利用率颇高。由于它根系发达、下茎短，容易结成草皮，有耐践踏的优点，所以又是优良的放牧型牧草。

无芒雀麦作为一种极好的水土保持植物，在我国大部分地区都有种植。例如，东北的吉林省最早开始栽培，已经有几十年的历史；西北部的内蒙古、新疆、青海等地也在大面积种植；南方一些地区也在试种，并且取得了很好的效果。

（二）植物学特征

无芒雀麦是多年生禾本科牧草，它的根系发达，但是根茎短，根茎距地表土层仅 10 厘米。它的径直立而光滑，高 50 厘米到 120 厘米不等。它的叶片又长又宽（6～8 毫米），呈淡绿色，一般 5～6 片，表面光滑，叶脉细，叶缘有短刺毛。无叶耳，叶舌膜质，短而钝。圆锥花序长 10～30 厘米。穗轴每节轮生 2～8 个枝梗，每枝梗着生 1～2 个小穗，每花序约有 30 个小穗。穗枝梗为雀麦属中最短者，开花时枝梗张开，种子成熟时枝梗收缩。小穗近于圆柱形，由 4～8 朵花组成。颖宽而尖锐，顶端微钝，具短尖头或 1～2 毫米的短芒，芒从外移顶端二齿间伸出。子房上端有毛，花柱位于其前下方。种子扁平，暗褐色。千粒重 2.44～3.74 克。

（三）生物学特性

（1）对环境条件的要求。无芒雀麦喜欢寒冷干燥的环境，根系生长的最佳土温在 20～26 ℃，地上部分生长的最佳环境，是年平均温度为 3～10 ℃、降雨量不高于 500 毫米的地区。另外，无芒雀麦有很强的耐寒能力，在黑龙江，积雪覆盖的条件下，–48 ℃低温仍然能够保持高达 83% 的越冬率；在青海一些地区 –39 ℃的天气下仍能安全越冬；类似的还有甘肃的皇城，冬季最低气温为 –29 ℃时能安全越冬。

无芒雀麦生长早期需水量大概为 500 毫米，但随着发育后期土壤中水分的减少，需水量也随之降低。无芒雀麦的叶片中的水分含量很大，因此与其他牧草相比，水分平衡在一天或者一个生长周期内很少变动。无芒雀麦具有很强的抗旱特性。我们都知道，植物是否具有抗旱抗寒特性，主要和它细胞液中的渗透压有关。无芒雀麦的渗透压，最低 12，最高 21。其细胞液的高浓度，使它具有较强的抗旱特点。特别是，其细胞液的渗透压，会随土壤含水量的减少而增大，也会随土壤中可溶性盐的增加而增大。所以，抗旱性强也是它的特点之一。

植物通过体内的气孔结构给根系供水。无芒雀麦的气孔很小，且具有大量敞开的气孔，可以毫无阻碍地给根系供水，因此，它有抗旱稳定性的特征，而且能在高温环境下生存。当环境中水分充足时，气孔处于打开状态，水分不足时气孔变小甚至完全关闭。无芒雀麦每天中午打开气孔的比例小于早晨和晚上。当植体的生长气孔变小，敞开气孔所占比例也会相应减少。并且，叶片背面气孔敞开的比例大于正面。与下部叶相比，其上部叶结构更具有抗旱性，这是因为其上部叶细胞和气孔都比下部小，但是气孔数量却相应较多。

无芒雀麦喜欢排水良好、土地肥沃的壤土或黏壤土，在轻砂质土壤中也能生长。但是它不喜欢强碱或强酸性土壤，在盐碱和酸性土壤中的存活率比较低。

（2）生长发育。无芒雀麦在适宜的生境条件下，播后 10～12 天即可出苗，35～40 天开始分蘖。播种当年一般仅有个别枝条抽穗开花，绝大部分枝条呈营养枝状态。

在甘肃省天祝栽培时，一般 4 月中旬播种，5 月中下旬出苗，7 月中下旬分蘖，8 月中下旬拔节，播种当年只抽穗不能结籽。第二年 4 月中旬返青，6 月下旬抽穗，8 月中旬开花，9 月中旬种子成熟。无芒雀麦从返青到成熟全生育期需要 0 ℃以上，积温 2700～4000 ℃。

无芒雀麦的根系很发达，根系在地下可达 2 米以上，而同一生长环境下，多年生黑麦草根系入土只有 1.45 米。无芒雀麦种子发芽的第五六天，胚下部长出第一条幼根。在播后的第十到十五天，其他的附属根会相继长出，播后的第三十五到四十天，次生根从分蘖节发出，在初生根和次生根的吸收面上生长大量长度为 0.5～2.5 毫米的根毛，在 1 厘米长的根上有 1100～1200 条根毛。第二年盛花期在 1 米的土壤深度内，根系重量比为 0～2 厘米，根重占 55.20%；20～40 厘米占 16.50%；40～60 厘米占 13.3%；60～80 厘米占 9.80%；80～100 厘米占 5.20%；根系被黏合在一起的土壤沙套所包围，这些沙套起到了根毛和木栓层的作用，保护其根系防止干枯萎缩。根系有 1—1.5 米的伸长幅度，主要起到在缺水地带通过土壤深处根的发育寻找水源的作用。并且还可以帮助植物集聚大量水分，在缺水时对植物起到一定的保护。

无芒雀麦地下部分生长较快，在播种当年分蘖期时，它的根系入土深度已达 120 厘米，入冬前可达 200 厘米。生长的第二年，其根产量每公顷约为 1200～1350 千克，2 倍于地上部分。无芒雀麦的地下根茎入土深度约为 5～15 厘米。根茎入土深度会随着土壤的通气性和品种不同而变化。无芒雀麦的地下根茎相当发达（根茎约占根量的 1/5），这对于它的耐牧性以及保持高产都起着重要的作用。

无芒雀麦刚播种的第一年，还不会生成生殖枝和营养枝，草层主要是由短枝、叶组成。到了生活的第二年，成年植株茎的比例加大。在我国北方栽培的禾本科牧草中，无芒雀麦的叶量高于其他的禾本科牧草。据内蒙古农牧学院在锡林郭勒对几种禾本科牧草茎叶比的测定结果来看，无芒雀麦的叶量最多，占植株总量的 50%；其次为老芒麦和羊草，分别为 49.5% 和 48.5%；叶量最少的是冰草和披碱草，分别为 22.7% 和 21.1%。无芒雀麦在草丛中各种枝条的比例，随着气候条件、土壤肥力、营养面积和牧草年龄的不同而不同。在管理较粗放的干旱条件下，无芒雀麦的生殖枝无论是从数量上还是重量上都超过营养枝。但当水分条件和管理条件较好时，情况则相反，营养枝的比重较大。无芒雀麦的叶子主要位于 40 厘米以下的地方，上部叶量较少。

（3）开花结实。无芒雀麦第二年返青后 50~60 天即可抽穗开花，花期持续 15~20 天。开花顺序先从圆锥花序的上部小穗开始开放，逐渐延及下部。在每个小穗内，则是小穗基部的小花最先开放，顶部的小花最后开放，一个花序延续的时间为 10~15 天，以开始开放的前 3~6 天开花最多，随后逐渐下降。天气晴朗无风时开花比较集中，一日内以 16~19 时开花最多，从 19 时以后开花很少，夜间和上午不开花。小花开放比较迅速，开裂后 3~5 分钟即见花药下垂，柱头露出颖外，开花时间延续 60~80 分钟后开始闭合，由外向内靠近，0.5 小时之内完全闭合。授粉后 11~18 天种子即有发芽能力。刚收的种子发芽率低，贮藏于第二年的种子发芽率最高，贮藏于第五年以后，种子发芽率降低到 40%，6~7 年以后完全丧失发芽能力。

（4）寿命和生活力。无芒雀麦是长寿禾本科牧草，其寿命可长达 25~50 年。一般在生长第 2~7 年生产力较高，在精细管理下可维持 10 年左右的稳定高产。

在我国，由于各地区自然条件及管理水平的不同。无芒雀麦产草量的变化较大。在吉林省，生长第二年的无芒雀麦，每公顷产干草 4500~6000 千克。内蒙古地区每公顷产干草 6000~7500 千克。兰州地区在灌溉条件下，播种当年可收割两次，第一次 7 月 4 日抽穗期，株高 84.3 厘米刈割，每公顷产鲜草 17 655 千克，第二次 9 月 11 日营养期，株高 60 厘米刈割，每公顷产鲜草 5497.5 千克。第二年能收 3 次，第一次 5 月 19 日抽穗期刈割，每公顷产鲜草 24501.7 千克，第二次 6 月 23 日抽穗期刈割，每公顷产鲜草 4800 千克。在南京，生长第二年每公顷产鲜草 37 500~45 000 千克。根据青海省铁卜加草原改良试验站测定，在 7 种禾本科牧草中，5 年平均产草量以无芒雀麦为最高，每公顷 16 215 千克，其次是冰草、披碱草和老芒麦，每公顷分别为 11 115 千克、8430 千克和 7665 千克，产草量最低的为早熟禾、鹅冠草和草地早熟禾，它们的产量都在 500 千克以下。

无芒雀麦的再生性良好。我国中原地区，一般每年可刈割 3 次；东北、华北地区可刈割两次。无芒雀麦再生草的产量通常为总产量的 30%～50%。它的再生能力比冰草、鹅冠草和猫尾草都强，但不如黑麦草。

（四）栽培技术

无芒雀麦地下茎发达且茎根成片蔓延，这就导致地面易结成厚而密的草皮，翻耕后的残留物沦为后作的杂草。所以，需要把它放到饲料轮作中，如果要放到大田轮作，其利用年限应该以两到三年为宜。

为了防止播种无芒雀麦造成的草皮蔓延和土地衰退现象，可以将此作物和其他牧草一起混播，比如紫苜蓿、红三叶、红豆草等，还可以与猫尾草等禾本科牧草混播。

种植前期精细整地，可以有效保护草苗和提高产量。尤其是在干旱且不具备灌溉条件的地区，深耕可以去除田间杂草，保蓄土壤中的水分，从而保护无芒雀麦的根部更好发育，提高产量。另外，在作物秋收之后，及时对土地浅耕灭茬，施以厩肥，然后再深翻耙格，对无芒麦雀的发育有良好的作用。需要注意的是，如果是春播，风大干旱地区不用翻，只需耙一两次即可。如果是夏播，应在播前浅翻，然后耙槌，做到平整、细碎。

无芒雀麦的播种期因地制宜，春播、夏播或早秋播均可，西北较寒冷的地区多行春播，也可夏播，兰州地区在 3 月下旬到 4 月上旬播种。内蒙古春季干旱、风沙大、气温低、墒情差，春播出苗慢和易缺苗，所以以夏播为宜，通常是在 7 月中旬或下旬播种，东北地区宜夏播，以 7 月下旬至 8 月中旬为佳。在华北、华中等地区以 7 月中上旬播种为宜，或是以 10 月中旬播种生长最好。

播种方法，条播、撒播均可。一般条播，行距 15～30 厘米，种子田可加宽行距到 45 厘米。播种量单播时每公顷 22.5～30.0 千克，种子田可减少到 15.0～22.5 千克。如采用撒播，播量可增至 45.0 千克左右。为充分利用地力，增加收益，应当进行保护播种，保护作物以早熟矮秆品种为好。在保护播种情况下，要及时收割保护作物，以利于无芒雀麦的生长发育。

无芒雀麦播时覆土深度一般为 2～4 厘米，黏性土壤上为 2～3 厘米，沙性土壤为 3～4 厘米，春季干旱多风的地区由于土壤水分蒸发较快，覆土深度可增至4～5 厘米。

无芒雀麦需氮甚多，须充分施用氮肥，尤以单播时为甚。播前每公顷可施厩肥 22.5～37.5 吨做基肥，以后可于每年冬季或早春再施厩肥，并于每次刈割后追施氮肥，每公顷施氮肥 150～225 千克。同时还要适当施用磷、钾肥。如与豆科牧草混播，在酸性土壤上可施用石灰。

无芒雀麦极易生长，是高产且生长期长的禾本科牧草，但是播种初期生长较为缓慢，特别容易受到杂草的危害，因此，播种初期应重视除草工作。

无芒雀麦具蔓生发达的地下茎，3～4 年后地下茎积累絮结，结成硬块的草皮，使土壤通透性变差，有机物质分解慢，有碍生长发育，导致产草量骤减。所以，早春耙地松土，用圆盘耙耙破草皮，增加土壤的透水、透气性，可以促进长出新茎。耙地复壮不但能提高产草量和产籽量，还能延长草地利用年限。

无芒雀麦干草的适当收获时间为开花期。收获过迟不仅影响干草品质，也有碍再生，减少二茬草的产量。春播时当年可收一次干草，直到三到四年后重新形成新草皮才能重新放牧。第一次放牧的时候适合在育蕾期，之后放牧最佳时期是在草层高约 12～15 厘米时。无芒雀麦播种当年结籽量少，种子质量差，一般不宜采种；第 2～3 年生长发育最旺盛，种子产量高，适宜收种，在 50%～60% 的小穗变为黄色时收种，每公顷产种子 600～750 千克。

二、苏丹草

又名野高粱，原产非洲的苏丹高原，现遍及世界各地。我国于 20 世纪 30 年代初期从美国引入，因其具备多方面的用途、产量和质量俱佳、栽培容易，深受全国各地种草养殖户的欢迎。

（一）植物学特征

苏丹草为禾本科高粱属一年生草本植物。株高因品种和栽培条件的不同，分为矮型、中型和高型。我国广泛栽培的是高型，株高达 3 米以上。根系极为发达，垂直分布和水平分布均较为广阔。在近地面产生不定根，此根起到吸收和支撑作用。株丛为丛生型，分蘖数达 80～400 个之多。叶片为宽条形，叶舌膜质，无叶耳。圆锥花序，长 30～80 厘米。颖果卵形，千粒重 9～15 克。

（二）生物学特性

苏丹草为喜温植物，幼苗不耐低温，种子发芽的最低温度为 8～10 ℃，最适温度为 20～30 ℃，从种子发芽到成熟需要有效积温为 2200～3000 ℃，2～3 ℃就会受到冻害。苏丹草茎叶繁茂，生长量大，需要供给充足的水分。种子发芽时需吸收种子自身重量 60%～80% 的水分。苏丹草拔节期以后，生长加快，需要供给充足的水分与肥料。但苏丹草不能忍受过分的潮湿，特别是在气温较低的情况下，过湿不仅降低产量，而且还易遭病虫的危害。苏丹草为喜光植物，光照充足时，分蘖增加，植株高大，叶色浓绿，产量高；光照不足时，不仅产量低，而且质量也差。除此之外，苏丹草对土壤的适应性很强，各种土壤环境都可以生长，其中最适合的土壤是富含有机质的沙壤土或壤土。

（三）栽培技术

（1）整地与施肥。播种苏丹草一定要在前一年的秋季进行深翻，基肥要充足。每亩地施肥量在 1000 千克到 3000 千克之间。在干旱和盐碱地栽培，为了减少水分蒸发，须进行条松或不翻动土层的重耙灭茬。第二年早春耕种时便可以直接开沟或耙耱。

（2）播种。苏丹草的播种要放到每年的 4 月中旬到 5 月下旬，推后产量会降低。为保证夏季青绿饲料的供应，可进行每期相隔 20 天到 25 天的分批播种，最后一期播种可安排在重霜前的 80～100 天进行。苏丹草播种可采用单播，播种量为每亩地 1.5 千克到 2.5 千克；采用条播的方式，播种深度约 6 厘米，每行行距为 30～60 厘米。还可以采用混播的方式，主要与豆科类牧草混播，如秫食豆、绿豆、野大豆以及春苕子等。

（3）田间管理。苏丹草播种早期需要除草，出现分蘖以后生长较快，就可以放松管理。苏丹草需要氮肥，每产 4～5 吨干草需要施以 100 千克的氮肥。苏丹草为高产牧草，在肥力中等的土地上种植时，平均亩产鲜草 2500～3000 千克；在肥沃的灌溉地种植时，鲜草产量可达 4000～5000 千克。种子产量每亩平均 125～175 千克，最高可达 2000 千克。

（4）营养与利用。苏丹草质地细软、营养丰富。从孕穗期到开花结实期，鲜草中干物质含量为 21.6%～28.5%，可消化总养分含量为 14.3%～18.6%；抽穗开花期干物质中粗蛋白质、粗脂肪、粗纤维、无氮浸出物、粗灰分、钙及磷的含量分别是 8.1%、1.7%、35.9%、44.0%、10.3%、0.38%、0.29%。苏丹草虽为高粱属植物，但茎叶中氢氰酸的含量很少，不会引起家畜中毒。苏丹草草地可放牧牛、马、猪、羊，如果混有豆科牧草及作物，饲喂效果会更好。苏丹草幼嫩时喂猪，可占日粮比率的 30% 左右，打浆或粉碎饲喂。喂牛时，每天每头 30～40 千克。粉碎喂鱼效果也不错，是公认的鱼料之王。苏丹草的干草是牛、羊、鹿的优良贮备饲料，整喂或切短喂均好。

三、苇状羊茅

又名茅状狐茅、高牛尾草，原产欧洲和非洲，我国西北地区有野生种。由于其产量高、适应性强、利用方式多样，成为我国黄淮、江淮地区的当家草种，也是我国草地建植的骨干牧草。

（一）植物学特征

苇状羊茅为多年生草本植物，具有根系发达的特性，如连续放牧或刈割就会造成絮结。叶舌截平，纸质。圆锥花序，每小穗有 4～7 朵花。顶端无芒或具有小尖头，脊上具有短毛。颖果倒卵形，黄褐色，千粒重 2.4～2.6 克。

（二）生物学特性

苇状羊茅也叫"奇迹牧草"，这是因为它耐干旱、耐潮湿、耐高温的特性，即便是在荒弃地和地产地上，也能实现增产。苇状羊茅对土壤适应性强，最适合生长的 pH 为 5.7～6.0，能忍受最低零下 4 摄氏度的严寒，耐 36 度以上的高温。苇状羊茅是一种喜光牧草，适宜在通风光照良好的开阔处种植。当光照不足的时候，会生长缓慢，产草量和种子产量都会受影响。

（三）栽培技术

（1）整地与施肥。在播种时，需要深耕土地，同时需要整地。苇状羊茅是速生牧草，产量也高，因此在生长期需大量施肥，每亩需施腐熟有机肥 2000 千克。

（2）播种。苇状羊茅为三季（春、夏、秋）播种牧草，以秋季播种产量最高。因为秋季温度条件适宜，有利于出苗和成活。可以单独种植，也可和红、白三叶草，紫花苜蓿等混合播种。播种量每亩最少为 0.75 千克，最多不超过 1.25 千克。

（3）田间管理。苇状羊茅初出苗较为细弱，拔节之前如果田间多杂草，很难成活。因此，这一时期要至少进行三次除草，第一次为苗期后，第二次为分蘖拔节期时，第三次为封垄前。苇状羊茅病虫害主要是蚜虫、黏虫、草地螟、土蝗等造成的锈病和叶腐病，需及时喷洒乐果、敌敌畏、敌杀死等防治。

（4）营养与利用。苇状羊茅的粗蛋白含量高，是一种营养丰富的牧草。特别是抽穗开花期，干物质含量高达 25.5%～27.6%。干物质中富含蛋白质、粗脂肪、粗纤维、无氮浸出物、粗灰分、钙及磷等营养物质。苇状羊茅的鲜草鲜嫩多汁，可喂牛羊或者小型家禽及鱼类，按照需要选择整喂、切短或粉碎。也可与豆科牧草混合做饲料，喂养效果会更好。苇状羊茅干草与豆科混合时可代替部分精料，也可在冬春季节代替青料使用。

四、羊草

羊草的种植主要分布在北纬 36°～62°、东经 120°～130° 的欧亚大陆草原东部。我国种植面积占世界的一半以上，主要集中在内蒙古高原东部和东北平原地区。羊草的栽培可追溯到 20 世纪 60 年代前后在东北的大面积试种，栽培历史较短，现在已经是我国北方的主要草种之一。

（一）经济价值

羊草是一种叶量大茎秆细的牧草，为各种家禽所喜食，夏秋做饲料可抓膘催肥，秋冬能为动物补充营养，是上等优质的牧草。特别是羊草调制出的干草，因其外观浓绿、气味芬芳，成为我国唯一出口的禾本科牧草。羊草具有青绿期较长、草皮耐践踏的特点，特别适合放牧。

羊草的生长利用周期高达十年，是一种长寿性牧草。它的产量高峰期是在种植后的三到四年，第五年后呈逐年下降的趋势，需要采取措施复壮。旱作的人工种植羊草，干草产量 3000～4500 千克/公顷，灌溉地高达 6000 千克/公顷以上。羊草的再生性极佳，水肥条件时每年可刈割 2 次，通常再生草用于放牧。但其种子产量不高，一般在 150 千克/公顷左右。

（二）植物学特征

羊草的根茎发达，属地下横走的长根茎，是一种多年生禾本科牧草。其茎秆直立，高度在 60 到 90 厘米之间。单生成疏丛，营养枝 3～4 节，生殖枝 3～7 节。叶片的质地厚实且偏硬，叶片呈扁平状，风干后内卷。叶鞘常短于节间，基部叶鞘残留呈纤维状，有叶耳，叶舌纸质截平状。穗状花序直立，长 12～18 厘米，两端为单生小穗，中部为对生小穗，每小穗含 5～10 小花。颖锥状，外稃披针形，顶端渐尖或呈芒状尖头。颖果细小呈长椭圆形，深褐色，千粒重约 2.0 克。

（三）生物学特性

羊草是旱生牧草，最适宜的生长环境是降水量在 500～600 毫米的地区，但不耐涝，降水量较多又不能及时排水的环境，会导致烂根。羊草同时也是一种耐寒性强的牧草，成苗在零下 42 ℃的干旱环境中也能安全越冬。幼苗耐低温性稍差，可耐 –6 ℃～–5 ℃低温。羊草对温度很敏感，早春解冻就能返青，从返青到种子成熟这一过程需要积温 550～750 ℃，当温度高于 10 ℃时，种子才能成熟。它对土壤的适应性很强，既耐盐碱又耐瘠薄，pH9.4 的酸性土壤也能正常生长。

在不同的生长环境下，羊草的生态也不一样，分为绿型和灰型两种。灰型羊草生长在可溶性盐总量为 0.3% 的土壤中，有较强的耐盐碱和耐旱能力，其叶片和穗部呈灰白绿色；绿型羊草生长在可溶性盐总量不超过 0.2% 的土壤中，其叶片和穗部呈绿色。

羊草的根茎一般生长在 5～20 厘米的土层中。当第 5 片叶出现时开始形成根茎，当年可生出 3～4 条根茎，次年达到 5～10 条，且随生长年限延长而累增。它的根茎节部高达 100 个以上，节部的潜芽能够分化发育成新的植株，两到三年后可发展成草群。羊草的地下根茎发达，容易形成密集的网状根茎，形成草坡，破坏土壤的透气性，影响地面径叶的生长，使产草量下降。可用重型圆盘耙向下割断根茎，令土壤透气、根茎分蘖，达到更新复壮草群的目的。

羊草苗期的生长非常慢，播种后 10 到 15 周才会萌发出土，当年仅个别枝条抽穗开花。到了第二年 4 月份左右可返青，再过两个月枝条可开花，7 月底收获种子，10 月末返枯，整个利用期有 200 天。

（四）栽培技术

（1）种床准备。羊草的育苗期较长，对土壤要求深厚细碎，墒情适宜。所以，播种前一年秋季就要进行深翻和镇压，并施以基肥，用量 37 500～45 000 千克 / 亩能达到更好的效果。第二年春季播种前，需破碎土块和平整地面；夏季播种可在播前一个月再进行耕翻。育苗选择瘠薄沙质土或碱性较大的盐碱地成功率更高，但在盐碱地育苗时，应注意暗碱和地面碱化的程度。

（2）播种技术。羊草种子在较高温度和较多水分的环境中才能发芽，因此我国北方地区常在夏季播种。羊草出苗后有 80 到 90 天的生长期，因此播种也不能过晚。春播（4 月上旬播种）对土地要求较高，在杂草少、墒情好、整地精细的地区可行。刘永海在吉林省农安县试验，临冬（10 月下旬至 11 月上旬）寄籽播种羊草，抓苗效果甚至优于春播和夏播。

羊草育苗发芽率不高，新出土幼芽破土力弱，所以要提高播量才能保证发芽率，一般为 30.0～52.5 千克 / 公顷。条播行距 30 厘米，覆土厚度 2～3 厘米。播后镇压。采用飞播方法的时候，要将种子包衣通过重量的增加提高播种质量。羊草适宜单独播种，不与其他牧草混播。

羊草也可采取根茎建植人工草地的方法，将其根茎切成 5～10 厘米的小段，每小段保留有 2～3 个节，隔开一定行株埋入播种沟内。这种方式的播种具有成活率高、生长快的特点，当年就能见效果。

（3）田间管理。羊草苗期要特别注意杂草的防治，从播前就应注意灭除杂草，出苗到 2～3 片叶子时可进行中耕，能灭除九成以上的杂草。关于施肥的管理，除基肥外，返青后有条件的地方可进行追肥，以氮肥为主，适当搭配磷钾肥，尤其是盐碱地增施磷肥，结合灌水，能够提高羊草产量和品质。

专门的羊草种植地上，需要每五到六年进行一次翻耙，一般在早春羊草未返青时进行。需要用犁先浅耕 8～10 厘米，再用圆盘耙斜向耙地 2 次；或是直接用重型圆盘耙斜向耙地 2 次，再用 V 形镇压器镇压。这种方法不适用沙化土壤和盐碱化程度高的盐碱地，豆科牧草比例高的羊草地也不适应此方法。

（4）利用技术。羊草为刈牧兼用型牧草，栽培的羊草主要用于刈割调制干草，孕穗期至始花期刈割为宜。水肥充足环境下的羊草地，每年可刈割 2 次。在第一次刈割后需要给羊草至少 40 天的生长期，才可以再一次利用。因为羊草要位越冬积蓄养分，所以，最后一次刈割应在生长季结束前至少一个月进行。

羊草因其株丛中生殖枝条仅占总枝条的两成，并且结实率也只有很低的12%～42%，加上羊草的种子成熟不一致、落粒性强，采收困难，因此羊草的种子收获量很低。因此，可在穗头变黄、籽实变硬时分期分批采收，也可在50%～60%的穗变黄时集中采收。

五、冰草

冰草最早起源于欧亚大陆，分布面积极广。19世纪90年代苏联开始人工栽培；美国于1906年在其国家干旱地区建植成功，随后开始了大面积栽培。冰草在我国的分布主要是在东北地区，以及西北的内蒙古、青海、甘肃、宁夏、新疆等地，在我国河北和山西的北部干旱地区也有种植。

（一）饲用价值

冰草因其质地柔软、营养价值高的特性，幼嫩时期是马、羊、牛和骆驼都喜欢吃的一种牧草。它也是一种放牧和青储兼用的牧草。在干旱草原它也被当作一种催肥牧草，但开花后其适口性和营养成分都会逐渐降低，干草的营养价值较差。对于反刍家畜，该草的消化率和可消化成分比较高。冰草春季返青早，秋季枯黄迟，利用期长，能为畜群提供较早的放牧场或进行延迟放牧，冬季枝叶不易脱落，仍可放牧，但由于叶量较少，相对降低了饲用价值。

冰草用于放牧较用于调制干草普遍，这是因为它春季生长最早，随着季节的变化草质迅速下降，有人建议春天应于重牧。在干旱条件下，每公顷产鲜草3750～7500千克，水肥条件优良时每公顷为15000千克，折合干草每公顷3750千克，种子产量每公顷为300～750千克。据中国农业科学院原西北畜牧兽医研究所在甘肃皇城试验，在高寒山区第一年每公顷产鲜草4800千克，第二年11 250千克，第三年8000千克。它具有耐旱、耐牧、种子质量好、产草量高、清选容易、在播种机中易流动等特性。

（二）植物学特征

冰草是一种多年生草本科牧草，其具有须根发达、密生的特性。外具沙套，疏丛型，茎秆直立，基部膝状弯曲，高40～70厘米，共2～3节。叶披针形，长

7~15厘米，宽0.4~0.7厘米，边缘内卷。其叶背面较为光滑，正面则生长有细密的茸毛。叶鞘短于节间且紧包茎，叶舌不明显，穗状花序直立。长3.0~6.5厘米，呈矩形或两端微窄，小穗无柄，水平排列呈篦齿状，每小穗含4~7朵花，颖舟形，常具2脊或1脊，被短刺毛，外稃有毛，顶端常具短芒，内稃与外稃等长，千粒重2g左右。

（三）生物学特性

冰草是一种长寿的多年生禾本科牧草，其寿命长短取决于自然条件和管理水平，一般可生活10~15年或更长，生产中一般利用年限为6~8年。

冰草抗旱和抗寒性都比较强，因此适合在我国北方年降雨量250~500毫米的寒冷干旱的地区种植。在温带地区可以安全地越冬，是目前我国栽培最耐干旱的禾本科牧草之一。这和它根系发达、叶片窄而小且内卷、干旱时叶片气孔闭合的植株特点有关。它在干旱时生长会停滞，一旦供水则又恢复生长。抗寒性很强，当年植株可在 -4℃低温下安全越冬，在青海高原、西藏雪域均无冻死现象。

冰草对土壤要求不严，耐瘠薄，较耐盐碱，但不能忍受盐渍化的沼泽化土壤，也不耐酸性土壤，一般黑钙土、栗钙土、沙壤土均能生长。不能忍受7~10天的水淹，不宜在长期春泛下的湿地或沼泽地上种植。

冰草种子在2~3℃的低温下便能发芽，发芽最适温度为15~25℃。早春播种后1个月齐苗，夏播时8~10天即可齐苗。冰草属于冬性禾本科牧草，春播当年处于生长期，基本不会抽穗结实。冰草地返青较早，甘肃兰州一般3月中下旬即可返青，4月下旬拔节，5月下旬孕穗和抽穗，6月中旬开花，7月底种子成熟，从返青到种子成熟约需110天左右。冰草一直到十月底才会枯萎，绿色期能达到二百天以上。冰草是一种耐寒不耐高温的牧草，夏季是它的休眠期，秋季天气转凉才会重新生长。春季、秋季、雨季是它的生长季。

冰草根系发达，尤其是当年发育比地上部快，据黑龙江九三农场观察，播种当年地上部株高53.9厘米，而根系入土深136厘米，株高70.5厘米，茎根比率为1：1.92；生长第三年，0~50厘米土层中冰草根系产量（干重）每公顷为7860千克，比地上部产量高1.5倍。

冰草分蘖力很强，播种当年就可分蘖，单株分蘖数量能达到25到55个。它的种子可自然掉落，不需要播种便可自生。冰草也可通过分蘖节繁殖，在地表以下 2 厘米分蘖节处有嫩枝会穿出地面发育成新茎，新茎下部的分蘖节上又可长出分蘖成为新茎，如此呈疏丛型生长。

冰草是异花授粉植物，靠风力传粉，自花授粉大都不孕。冰草开花顺序首先由花序的上 1/3 处小穗开始开放，然后向下、向上开放，花序上最下部小穗最后开放。就一个小穗而言，小穗茎基部的小花首先开放，然后依次向上，顶端的小花最后开放。其小花开放比较迅速，0.5～3 小时结束，在温暖无风的天气开花最旺盛。一个花序开放 3～4 天，在温度不足或阴雨时开花延长 10～20 天，一日内以 15～18 时开花最盛。冰草开花时适宜的温度为 20～30 ℃，适宜的相对湿度过大停止开花，雨天、阴天均不开花。

冰草授粉后 8～10 天达乳熟期，20～25 天达蜡熟期，27～30 天达完熟期。在炎热、干燥的天气下，种子成熟较快，凉爽、多雨时种子成熟期延长。

（四）栽培技术

冰草种子较大，纯净度高，发芽较好，出苗整齐，但整地仍要精细，土地耕好后，要充分粉碎土块，若播种机开沟入土深浅不一致，会造成缺苗断垄，影响播种质量。新垦荒地播前要耙碎草皮，整平地面。新垦荒地最好种过 1～2 年作物后，待土壤熟化，再播种冰草则易成功。

冰草春、夏、秋均可播种，我国北方多春播，在春季少雨多风、土壤墒情较差的地区夏播为宜，夏季降雨后抢墒播种。秋播也可，但宜早不宜迟，特别在较寒冷地区影响其安全越冬。吉林省、河北省多在 6 月中旬至 7 月上旬播种，陕西省渭北为 7～8 月，甘肃省河西走廊为 4～5 月。条播行距 20～30 厘米，播种量每公顷 15.0～22.5 千克，覆土厚度 3～4 厘米，出苗后应加强管理。冰草可与小糠草、鹅冠草、早熟禾、紫苜蓿、红豆草等混播，以提高产量品质。播量为单播一半。播种当年生长缓慢，如田间杂草丛生，要加强中耕除草，除草可用人工除草或化学除草剂 2，4-D-丁酯，每公顷用量 750～1125 克，兑水 525 千克，晴天无风时用喷雾器均匀喷洒，可防除马先蒿、委陵菜、紫草、野胡萝卜等杂草。

冰草虽然抗旱耐瘠薄能力强，但在干旱地区或干旱年份，有条件时追施氮肥，适时灌溉，则可提高产草量和产籽量。利用 3 年以后的冰草地，早春或秋季进行浅耙地，可改善土壤通气状况，促进冰草的生长和更新。

冰草的适宜刈割期为抽穗期，开花后蛋白质含量和适口性明显下降。它的再生能力差，一年只能刈割1次，再生草用作放牧。调制干草时应以抽穗或花初刈割为宜，这时适口性和营养价值均将迅速下降，若能及时割制干草，其品质常较一般干草优美。

种子田要加强田间管理，收获要及时，一般应在蜡熟末期或完熟期收获，以免种子脱落，影响产量。

冰草植株低矮，叶量少，再生性不强，这些在育种工作中应加以注意。

六、鸡脚草

也叫鸭茅、果园草，原产欧洲西部，现广泛种植在亚、非、澳、欧等洲，是世界上栽培最多的牧草之一。在我国主要分布在中南、西南及华北地区，为一种适应性强、产量高、用途广泛、很有发展前途的牧草。同时，鸡脚草生长迅速，茎叶厚密，覆盖度强，也是优良的水土保持植物。

鸡脚草是多年生草本植物，属禾本科。它地须根比较发达，地下根须可达30到40厘米。它地茎很直，花成圆锥型，长达8～15厘米，小穗着生于穗轴的一侧，簇生于穗轴的顶端，小穗有3～5朵小花，外秆顶端具有短芒。种子细小，千粒重1克，每千克种子有10万粒。

（一）生物学特性

鸡脚草喜欢温暖潮湿的环境，有较强的抗热性和耐寒性。最适合的生长温度为12～21℃，当温度到达28℃以上时生长速度就会变缓直至停止。年降水量为600～1000毫米地区是其最佳生长地。它在阴凉处生长，特别喜欢阳光不足的灌木丛和疏林，例如果园和林园。它同时具有不抗湿、不耐淹的特性，因此低洼内涝地不利于其生长。它可以在各种土质中种植，其中以排水良好、土质肥沃的壤土为最佳生长地。它具有很强的耐酸性，最适合的土壤pH为5.5～7.5，但是不耐碱性土壤环境。生育期为80～90天，成熟的种子容易脱落，必须适时收获。

（二）栽培技术

（1）整地施肥。鸡脚草为高产型的牧草，对土地和肥料需求较高。要选择水分充足且排水性好的土壤。整地时做到秋翻、秋耙、秋施肥，耕种前每亩施腐熟的有机肥 1500～2000 千克。

（2）播种。一般采取秋播的形式，可以单播也可以混播。单播主要采用条播方式，行距 15～30 厘米，播深 1～3 厘米，播种量为每亩 0.8～1.2 千克。也可和紫花苜蓿、三叶草及红豆草进行混播。

（3）田间管理。鸡脚草育苗期较长，因此特别需要注意杂草的管理。播种后一个月内，需除草一到两次帮助幼苗生长。除此之外，对土肥差的土地，每亩再补施厩肥 1000 千克左右，或尿素 3 到 5 千克。鸡脚草是高产型牧草，对肥料需求大，每收获一到两次，需追肥 1 次，每次每亩施硫酸铵 7～10 千克或尿素 4～6 千克。关于鸡脚草的刈割管理，刈割时应保留一定的草层，以增强越冬能力。为了促进鸡脚草的顺利返青，需在早春放牧或刈割一次，再进行施肥和灌溉管理，

（三）营养与利用

鸡脚草作为优良牧草，有着丰富的营养价值。根据 1980 年农业科学院畜牧研究所分析，在抽穗期的鸡脚草鲜草中，干物质含量为 21.2%，干物质中粗蛋白质、粗脂肪、粗纤维、无氮浸出物、粗灰分、钙及磷的含量分别是 13.2%、3.8%、28.3%、40.6%、14.1%、0.52%、0.08%。鸡脚草适合马、牛、羊放牧用，根据营养价值高峰，最适合拔节中期到孕穗期放牧。也可作为青饲饲料使用，整喂或切短喂马、牛、羊等大型家畜，对于一些体型小的家禽，如兔、鸡、鸭等可粉碎喂养。

鸡脚草可作为青贮饲料和青干草，保存供越冬食用。

七、披碱草

又名直穗大麦草、青穗大麦草及碱草，营养丰富，生长良好，适应干旱、半干旱地区的种植与生长，在草原建植中起重要作用。

（一）植物学特征

披碱草为禾本科多年生草本植物。须根系，根系深至 15～20 厘米。茎直立，株高 80～120 厘米。叶片披针形，叶量丰富，在茎上分布均匀。穗状花序，每穗节部着生 1～2 个小穗。每个小穗含有 3～5 朵小花。颖果长椭圆形，褐色，千粒重 3～4 克。

（二）生物学特性

抗旱、抗寒、耐盐碱、耐风沙，在冬季有枯枝落叶覆盖的情况下能忍受 –40℃的低温，适合在降水量为 400～700 毫米的地区生长。由于它极其耐旱，在干旱及半干旱地区均能获得高产。披碱草耐盐碱，可在 pH 为 7.6～8.7 的土壤上良好生长。不足之处是披碱草老化速度较快，一般利用 4 年以后须及时更新。

（三）栽培技术

（1）整地。披碱草播种时需要秋翻地，耕深为 20 厘米，整平耙细后进行及时播种。

（2）播种。披碱草种子具有长芒，播前要及时去芒，去芒的办法是用特制的短芒器或者环形镇压器断芒，除芒后方能播种。披碱草春夏秋三季均能播种，在北方有灌溉的条件下，可选择春播；在中南地区，可选择秋播。单播时多使用条播，行距为 30 厘米，覆土为 2～4 厘米。旱作播种时要重镇压，以利于出苗。牧草田每亩播种量为 2.5～3.5 千克，种子田为 2～2.5 千克。披碱草可与燕麦、枝麦及苕子进行间作播种，双方互惠互利，均比单播产量显著。

（3）田间管理。披碱草苗期生长缓慢，可于分蘖期间进行 1 次中耕除草，以消灭杂草和疏松土壤，促进牧草良好生长。播种后的第二年雨季时追施尿素或硫酸 15～20 千克。披碱草病害较少，但易遭鼠害，在抽穗开花期要及时灭鼠。

（4）营养与利用。披碱草营养成分较为丰富，是一种很有价值的牧草。据吉林省畜牧所的分析，幼嫩期的披碱草青绿多汁、质地细嫩，但蛋白质含量较低，仅可供牛羊放牧用。稍老的披碱草，除直接供牛羊利用外，还可调制干草或青贮料。优良的披碱草干草颜色鲜绿、气味芳香，是草食家畜优良的贮备料。披碱草还可打成草粉拌入精料后喂猪。

八、多年生黑麦草

原产于西南欧、北非及亚洲西南地区，500 多年前已作为牧草栽培，是世界温带地区最重要的牧草之一。多年生黑麦草产量高、品质好、营养丰富、家畜适口性好，是温带地区人工种草中的首要牧草之一。我国自 1972 年以来先后从欧美等地引入 30 多个品种，现普及全国各地。

（一）植物学特征

黑麦草属禾本科多年生草本植物。株高40～60厘米，每株分蘖多达40～70个，呈丛生的疏丛状。须根发达，在土壤浅层呈网状排列；须根细小，吸水能力强。穗状花序，有小穗15～23个。颖果梭形，粒重1.5克，每千克有种子60万粒。

（二）生物学特性

多年生黑麦草多生长在温暖湿润的地方，最适合的生长温度是20℃。温度高于35℃就会停止生长。

它喜欢肥沃且湿润的土壤环境，在排水性好、pH为6～7的酸性土壤及沙土中种植有利于其生长。施肥时以氮、磷、钾肥为主，对氮肥需求量大。多年生黑麦草利用年限为4～5年，如果管理得当，利用期可延长。

（三）栽培技术

（1）选择地势平坦、土壤深厚、水分充足、有机质丰富、富含团粒结构土壤的地区。

（2）为了高产和稳产，播前每亩施厩肥1500～2000千克、过磷酸钙10～15千克作为基肥。

（3）多年生黑麦草适宜8月中旬到10月下旬的秋季播种。行播，行间距15～30厘米，播深1.5～2.0厘米，播种量为每亩1～1.5千克。黑麦草可单播，也可混播。混播时，三叶草（白三叶草、红三叶草）是它的最好搭档，播种时，黑麦草为主，三叶草为辅。

（4）田间管理。多年生黑麦草出苗期短，从播种到全苗仅需一个月。需要注意查苗，发现缺苗要及时补上。多年生黑麦草为速生牧草，有着比较强的再生能力，因此每次利用后要及时追加氮素肥，并及时进行灌溉，可帮助提高产量。黑麦草喜水，在每个生长时期都要适时进行灌溉，及时的灌溉可以帮助降低土温，安全越夏。黑麦草抵御病虫害的能力比较强，但在高温高湿的情况下，常发赤霉病和锈病。前者病状为苗、茎、穗均腐生出粉红色的霉，以后长出紫黑色小粒，严重时全株枯死，可用1%石灰水浸种预防，发病时喷石灰疏黄合剂防治，后者的症状是茎、叶上产生红褐色粉末状疱斑后变为黑色，可用石硫合剂、代森锌、萎锈灵等进行化学保护。合理施肥、灌水以及提前刈割，均可防止病的蔓延。黑麦草产量较高,春播当年可刈割1~2次,亩产鲜草1500~2000千克。以后,每年可刈割2~4次,亩产鲜草4000千克左右。秋播后第二年产量可达3000~3500千克,可刈割3~4次。黑麦草结实良好,可利用再生草留种。种子成熟不整齐、易落粒,应在基叶变黄、穗呈黄绿色时收获,亩产种子50~75千克。

（5）营养与利用。

多年生黑麦草有着丰富的营养价值。根据农业科学院畜牧研究所分析,多年生黑麦草花期时,鲜草中干物质含量为19.2%,干物质中粗蛋白质、粗脂肪、粗纤维、无氮浸出物、粗灰分、钙及磷的含量分别是17.0%、3.2%、24.8%、42.6%、12.4%、0.79%、0.25%,并富含17种主要氨基酸。多年生黑麦草适合马、牛、羊、猪等家畜的喂养。在抽穗和开花期口感和营养价值最佳,可进行刈割饲喂。对于马、牛、羊可进行整喂,喂猪时则可粉碎后拌入糠麸喂养。另外,黑麦草也是一种良好的鱼饲料。

第三节 其他牧草种植技术

一、聚合草

聚合草原产苏联北高加索和西伯利亚等地,生长在河岸边、湖畔、林缘和山地草原。18世纪末英国和德国开始试种,并作为饲草利用。20世纪传到美国、非洲南部、澳大利亚、丹麦等地进行广泛的试验和栽培。1955年由澳大利亚引入日本,继而从日本传入朝鲜,现在世界许多国家将它作为重要高产饲料作物大量栽种。

20世纪六七十年代,我国先后从日本、澳大利亚和朝鲜将它引进,并按照品种在我国东北、华北、西北试种。目前已经成功培育出了日本、澳大利亚和朝鲜三个不同的聚合草品种。

总体来说,它们并没有什么区别,主要区别就在花色和形态上。根据多年的种植经验,普遍认为日本和朝鲜品种产量更高一些,更适合在我国种植。1977年起我国大力推广该牧草的种植,种植区域遍布全国,主要栽培区域集中在长江以北、长城以南,如江苏、山东、山西、四川等省。

（一）经济价值

聚合草是一种优质高产、利用期长的饲料作物。它的青绿茎叶，一般每公顷产 75～150 吨，水肥充足时，每公顷可产达 300 吨以上。在美国每年收割 4～6 次，每公顷产 195～240 吨；日本温暖地区每年收获 4～7 次，每公顷产 97.5～405 吨。我国北方地区如吉林、黑龙江、北京等地，每年收割 2～4 次，每公顷产 120～150 吨；在南方的湖北、江苏等地，每年可收 7～8 次，每公顷产可达 210～420 吨。

聚合草早春返青很早，我国北方地区 5 月初即可收割利用。耐轻霜，在一年中可利用到 9 月底，它又是多年生植物，在良好的栽培管理下，一次栽植，可利用十多年，甚至几十年。

聚合草含有丰富的蛋白质，含量在鲜草和干草中差距很大。鲜草中粗蛋白的含量为 2%～4%，聚合草干草中的粗蛋白含量则高达 22% 以上。蛋白质中富含赖氨酸、精氨酸和蛋氨酸等，是动物生长不可缺少的营养物质。另外，聚合草还含有大量维生素营养物质，包括尿囊素和维生素 B_{12}，可治疗肠炎，牲畜食后不拉稀。

聚合草有着丰富的营养，同时其纤维素含量很低，但因其表面长有比较硬且粗的毛，在鲜草状态下牲畜并不喜欢吃。经过粉碎或打浆后变得汁水充足，有黄瓜的清香味，为猪、牛、羊、鸡、骆驼、鹿等多种家畜喜食。聚合草不仅营养丰富，而且消化率也很高，其蛋白质消化率为 61.20%、粗纤维消化率为 60.44%。

但据试验，聚合草含有生物碱——聚合草素（紫草素），它对动物体的致毒作用大致与 DDT 的毒性相似，并在动物体中有积累作用，因此，在饲喂时，应配合少量精料或其他饲料。

聚合草的药用价值很高，捣碎后敷伤口能够促进伤口、溃疡、骨折等外伤愈合，它还有止泻、消肿祛毒和降压的功效。聚合草有三个月的超长花期，可作为蜜源，也可以作为观赏植物种植。

（二）植物学特征

聚合草为紫草科聚合草属多年生草本植物，丛生。根粗壮发达，肉质，主根直径 3 厘米左右，老根为棕褐色，幼根表皮白色，根肉白色。主根长达 80 厘米，侧根发达，主侧根不明显，主要根群分布在 30～40 厘米土层中。株高 80～150

厘米，全身密被白色短刚毛，茎为圆柱形，直立，向上渐细。在叶腋处有潜伏芽和分枝。茎的再生能力很强，能产生新芽和根，可育成新株。

叶呈卵形、长椭圆形或阔披针形，叶面粗糙，叶分为根簇叶和茎生叶两种，根簇叶一般 50～70 片，最多达 200 多片，有长柄；茎生叶 30～100 片，有的多达 300 片以上，有短柄或无柄。

蝎尾状聚伞形无限花序，着生在茎及分枝顶端，花簇生，花冠筒状，上部膨大呈钟形，花紫红色、淡紫红色至白色，花瓣 5 片，雄蕊 5 个，雌蕊 1 个。有性繁殖能力较差，能结少量的种子，但发芽率极低。种子为小坚果，深褐色或黑色，半弯曲卵形，长约 0.4～0.5 厘米，基部有刺毛状环带，易于脱落，千粒重 9.2 克。

（三）生物学特性

聚合草具有特别强的耐寒性，其根部在土壤中可以忍受零下四十度的低温，因此在寒冷的东北南部和西北都能安全度过冬天。但是，在更为寒冷的东北北部地区，越冬有困难。聚合草喜温暖湿润气候，当温度在 7～10 ℃左右开始发芽生长，22～28 ℃生长最快，低于 7 ℃生长缓慢，低于 5 ℃时停止生长。

聚合草茎叶繁茂，对水分要求较高，是典型的中生植物。据吉林省农业科学院观察，当温度在 20 ℃以上、土壤田间持水量达 70%～80% 时生长最快，平均日增长速度超过 2 厘米，叶芽增多，枝叶浓绿。当土壤田间持水量下降到 30% 左右时，生长缓慢，叶芽减少，株体凋萎发黄。据黑龙江省畜牧研究所 1976 年 7～8 月在同一块地上试验观察，第一茬草收割后及时灌水的，平均每株的增长高度 1.98 厘米，长出新叶 2.3 片；未灌水的日增长高度 1.74 厘米，长出新叶 1.3 片；收获时，灌水的单株重 0.74 千克，未灌水的 0.42 千克。

聚合草根系发达，入土深，能有效地利用深层土壤水分，抗旱力较强。土壤水分过多，间歇性被水淹没，或早春土壤长期处于冻融交替状态时，植株生长不良，甚至烂根而使全株死亡。

聚合草适应地域广，繁殖系数大。我国各地区试种的结果表明，在我国南北各省区几乎均可种植，各地区的气候、土壤都能满足聚合草生长发育的要求。它对土壤要求不高，除低洼地、重盐碱地外，一般土壤都能生长，土壤含盐量不超过 0.3%，pH 不超过 8.0 即可种植。最适于排水良好、土层深厚、肥沃的壤土或沙质壤土。

聚合草虽然用肉质根进行无性繁殖，但繁殖容易，繁殖系数高，一般为100～200倍，如采用快速繁殖方法，可高达1000～2000倍。

聚合草株大且密，生长迅速，割草次数多，茎叶及根的产量高，所以它对肥料的要求比一般作物高。据报道，每公顷产鲜茎叶75吨时，约需氮50千克，磷4.5千克，钾10千克左右。所以土壤中富含有机质和多量的有效氮，是获得高产的关键。

聚合草在江苏栽培，2月下旬根茎开始萌发，2月下旬至3月上旬出土生长，5月上旬抽薹，5月中旬至8月下旬开花，花期100天左右，11月中旬叶片开始枯萎，全年生长期约270天。甘肃草原生态研究所庆阳黄土高原试验站栽种，4月上旬到4月中旬出土生长，10月下旬叶片开始枯萎，全年生长期230天左右。

（四）栽培技术

（1）选地和轮作。栽种聚合草选择地势平坦、土壤深厚、有机质多、排水良好，并有灌溉条件的地块最为适宜。

聚合草系多年生草本植物，地下根发达，再生力强，翻耕后残留在土壤中的根段极易再生，容易给后茬作物造成草荒。所以一般不宜在大田轮作中大量种植。最好选择畜舍旁边隙地和果园地种植。

（2）整地。聚合草根系发达，入土深，一年栽种，多年利用，栽种前必须深翻土地（耕深应在25厘米以上），熟化土壤，精细整地，并施入厩肥作基肥，每公顷约75吨。

（3）繁殖。聚合草虽开花但不结籽或结籽极少，且种子成熟不一致，落粒性强，收籽较难，故多用无性繁殖。目前常用的繁殖方法有分株、切根、根出幼芽扦插、茎秆扦插、育苗等方法。

①分株繁殖。把生长健壮的多年母株连根挖出后，割去上部茎叶，切下根茎段5～6厘米，将根茎纵向切开，分为几株，每个分株上带有1～2个芽，下部有较长的根段，将切开的根茎直接栽种到大田，大约5～6天即可长出新叶。这种方法栽后成活快，生长迅速，定植当年产量高，但繁殖系数低，每株只能分10～20株，在种根供应充分的条件下，可以采用。

②切根繁殖。聚合草的肉质根产生不定芽和不定根的能力很强，凡直径在0.3厘米以上的根，均可切段繁殖。种根充足时，进行大面积栽种的根段，根长不应

短于 2~5 厘米，根粗不小于 0.5 厘米。根粗大于 1 厘米的可切成 2 瓣，3 厘米以上者可垂直切成 3~4 瓣。一般根越粗，根段越长，生长和发芽也就越快。因此，一定要将根段的大小分级分地块栽植，出苗、生长发育和产草量才会一致，便于田间管理和收割利用。将切好的根段横放入土壤，覆土 4~5 厘米，30~40 天即可破土出苗。

③根出幼芽打扦插繁殖。利用切根繁殖时，一个粗壮的根段可长出 5~6 个以上的不定芽，可在移栽时只留下 1~2 个芽连同母株一起定植，将其余的芽从母根上纵切下后栽在苗床里，芽朝上，覆土 3~4 厘米，压紧，并及时浇水，待长出不定根后，再定植大田。这种繁殖法成活率高（甚至 100%），而且发芽早，生长快，幼苗也壮。

④茎秆扦插繁殖。夏秋开花前选用粗壮花茎，去掉上部花蕾，将茎秆切成 15~18 厘米长的插条，每段保留 1 个芽和 1 片叶。将插条插入土中，上部稍露出地面，覆土压紧，并及时浇水，经常保持苗床湿润。插后要遮阴，防止阳光直射。一般插后 15 天左右生根发芽，从生根长叶到形成株体，约需 30~40 天，成活率可达 80% 以上。此法在种苗缺乏情况下可以利用，但管理比较费工。

⑤育苗繁殖。在冬春季，可利用温室、温床或塑料大棚等进行保护地育苗。具体方法是：在苗床上按 6~10 厘米行距开 3 厘米深的沟，将切好的根一个挨一个在沟内平放，然后覆土 3 厘米，并经常浇水使苗床保持湿润。保护地育苗要密播，每平方米育苗 80~100 株，待幼苗出现 5~6 片叶时，即可移栽到大田。一般苗越大越壮，恢复生长就越快。栽时要避免伤根，最好带土移栽，苗活后中耕松土。育苗繁殖，不仅能经济利用种根，扩大繁殖系数，还能提高成活率，获得壮苗。

（4）株距和行距。大田栽植时，株行距的大小，主要根据土壤肥沃程度、施肥水平、水利灌溉设备、田间管理水平，以及机械化作业情况来确定。一般肥地稍稀，瘦地稍密，每公顷 30 000~37 500 株左右。

（5）田间管理。定植成活后即应进行第一次中耕除草，在封行前进行第二次中耕除草。同时，在每次刈割后结合施肥、灌水进行中耕除草 1 次，每次每公顷施用腐熟人粪尿 11.25~15 吨或硫酸铵 150~225 千克。为防止生长不良或烂根死亡，在灌水后要及时排除积水。

（6）间作套种。由于聚合草耐阴，所以它可以与玉米、白萝卜、白菜、油菜等进行间作套种，以提高单位面积上的粗蛋白含量和产草量。山西省根据聚合草耐阴的特点，进行聚合草 5 行和玉米 2 行的间种，在 1 公顷地里收获聚合草 34.4 吨和玉米 3.4 吨。而单种聚合草每公顷仅收草 34.1 吨，单种玉米每公顷收籽实 5.4 吨。从单位面积内粗蛋白质含量比较，聚合草、玉米间种，比单种聚合草、单种玉米分别增长 16.6% 和 134.4%。在陕西关中地区，聚合草秋季生长缓慢，套种白萝卜和白菜，每公顷可提高青饲料总产量约 225 吨，增产约 7.5 吨。间作套种油菜，当年增产虽不多，但翌春缺青饲料时，可以充分利用聚合草生长缓慢的阶段生产油菜以获得较多的青饲料。

（7）越冬保护。我国北方冬季严寒无雪覆盖地区，聚合草越冬易受冻害死亡，必须加以保护，其方法有：

①冻前覆土。聚合草在最后一次收割后，临上冻前，壅土覆盖，东北大垄栽培的聚合草，可用大犁深蹚，将土培到垄台上，用以保护根基。如系平畦栽培，可用开沟培土犁培土覆盖。

②覆盖防寒。利用干马粪、碎草、锯末、炉灰覆盖 8～10 厘米，能保温、防寒，根冠可以免受冻害。据调查，覆盖比未覆盖的能提早出苗 20～30 天，并能全部簇生成丛，生长茂盛，产量也高。

③积雪保温。由于雪的导热性很低，有保温特性，可使聚合草不受冻害。就地积雪的方法很多，种植屏障作物；筑雪堆、砌雪墙，并利用木制活动挡雪板和树枝、秸秆捆束布置田间积雪等，积雪厚度在 30～35 厘米，在 30 ℃温度下，聚合草都能安全越冬。

病虫防治聚合草在高温高湿的情况下，易发生褐斑病和立枯病而烂根死亡，如发现病株要及早挖出，深埋或烧毁，同时用多菌灵 500 倍液或波尔多液 200 倍液或代森锌 500 倍液等杀菌剂喷洒植株或泼浇土壤，以抑制病情发展。

聚合草虫害较少，但在苗期有地下害虫，如地老虎、蟋蟀等危害，发现时用敌百虫 1000～1500 倍液浇灌根基，即可消灭。

（8）收获。聚合草栽种的第一年，在南方一般可刈割 2～4 次，在东北和西北只能刈割 2～3 次。生长第二年以后，每年 4～5 月份株高 50 厘米左右时刈割第 1 次，以后每隔 35～40 天刈割 1 次；南方一年可收 4～6 次，北方一年可收 3～4 次。

收获时留茬高度不超过 5 厘米为好，这样留茬发芽出叶多，可提高产量。最后一次刈割时间应在停止生长前的 25～30 天，以便留有足够的再生期，保证越冬芽形成良好以便安全越冬。

（五）聚合草的利用

聚合草的鲜茎叶柔软多汁、适口性好，可作为猪、牛、羊家畜的饲料，生湿喂、青贮喂均可。

生湿喂聚合草以青鲜状态饲喂最好，打浆或打成菜泥拌入糠即可喂猪，每头母猪每天可喂 10～12.5 千克；喂牛可用整株饲喂，可占日粮 50% 以上，喂家禽可切碎饲喂，也可打浆或菜泥拌糠饲喂。

青贮在现蕾开花时，将聚合草单贮或混贮均可。与青玉米秆、大麦、燕麦等禾本科混贮时，品质更好。单贮时亦应加 20% 禾本科干草粉。

聚合草地下根部发达，单株根重高，每公顷可产鲜根 30～45 吨，聚合草的肉质根也是很好的饲料，生喂适口性好，为猪喜食，煮熟后稍有苦涩味。喂猪时要控制喂量，过多时有碍消化，育肥猪可日喂 1.5～2.5 千克，以粉碎后掺喂为好。

二、优若藜

（一）分布

广泛分布于我国新疆、内蒙古、宁夏、陕西北部。具有耐寒、抗旱的特性，营养丰富，大小家畜均喜食，常作为饲用植物栽培。

（二）植物学特征

优若藜为藜科优若藜属丛生半灌木植物。主根粗壮，侧根发达。株高 60～80 厘米，茎之基部木质，茎上分枝多。叶为宽披针形，雌雄同株异花。花小，雄花为穗状花序，数个雄花成簇密集于枝的顶端。雌花聚生于叶腋。胞果圆形，种子直立状，绿色，小而轻，千粒重 4 克。

（三）生物学特性

优若藜的适应性强，具有抗旱、耐寒、耐盐碱、耐瘠薄土壤的优良特性，不适于低洼盐碱土和流动沙丘,其他土类均可生长。在降水量200～250毫米地区生长良好。种子发芽力强,吸水快,25 ℃条件下8小时即可发芽,萌发后25天,根系即长达15厘米。种子播种后当年株高可达60～70厘米,分枝仅1～3个,能开花结实。第二年水分条件好时株高可达80～120厘米,灌丛高大繁茂,8月中下旬开花,10月初种子成熟;如果水分条件不好则生长慢,不能结实。

(四)栽培技术

优若藜种子小而轻,在荒漠草原区直播多失败,常采用育苗移栽法,早春将种子浅播于苗床,第二年把苗脉栽于大田。育苗应在4月下旬或5月上旬播种,开沟条播,土壤湿润时3天即出苗。也可直播,种子与湿沙拌和条播,宜浅,播量每亩0.5千克。出苗后应注意中耕培土以获壮苗。

(五)经济价值评价

优若藜在荒漠草原地带是防风固沙、保持水土的重要半灌木植物。由于它含有较丰富的营养物质,因而成为此类地区重要的栽培牧草。据南京农业大学分析,含粗蛋白质9.58%(水分为55%)。骆驼、羊、牛常年喜食,马采食当年生的枝叶,干草是各种家畜冬春时期的优质饲料。一般9月下旬刈割,单丛可收干草0.16千克,每亩收250 500千克,种子25～60千克。干草中籽实是主要的饲用部分,籽实中有嫩绿的胚,口味鲜美,其余干茎粉碎后,轧制颗粒饲料。

三、木地肤

(一)分布

木地肤在我国新疆分布很广。甘肃、宁夏、陕北和内蒙古均有分布。

(二)植物学特征

木地肤是藜科旱生多年生半灌木,属荒漠植物,匍地生长,株高60～80厘米。根粗壮,茎基部木质化,分枝多而密,斜上。单叶互生,条形或细条形,无柄。果实为胞果,扁球形,颜色紫褐。种子甚小,寿命不长,采收后3～4个月即丧失发芽力。多于夏秋季节收种,秋冬季播种,千粒重0.5～1.1克。

（三）生物学特性

抗旱能力甚强的木地肤根系生长迅速，分布于表土 0～60 厘米中，可以从土壤深层吸收水分，这是具有强大抗旱能力的首要条件。此外，株体各部都生柔毛，有防止水分蒸发的作用。

抗寒性强木地肤能在 –40 ℃条件下越冬。春天返青早，再生也较快，秋季生长停止晚，一年可 2 次刈割或放牧。

耐沙埋，具有固沙能力。木地肤根茎粗壮，分蘖力强，分生枝条多，且根中贮有大量碳水化合物，而以蕾期贮存最多，所以当沙覆盖后能从近表层沙土中生出新枝条。

适应范围广。因为耐沙埋、具有很强的抗旱能力，所以能在沙地、沙质壤土上生长，又能耐盐碱，所以在轻度盐渍土上也能适应。在土壤含盐量达 0.5%～0.8% 时，仍能正常生长。

（四）栽培技术

木地肤是荒漠地上的天然植物，主要供骆驼和山羊等家畜饲用。我国新疆多荒漠，对本植物极为重视，已用于半荒漠、沙漠和盐碱地的改良，实行补播或飞播。因为种子小，生活力维持时间短，栽培前最好能进行丸衣化处理。

土壤与施肥本草适于荒漠土和砾质土。耕作层总含盐量达 0.5% 生长发育良好，1% 时也能出苗生长。木地肤人工草地宜在夏秋时深翻 20～25 厘米，同时每亩施入厩肥 1000 千克，可以大幅度提高产草量。本草在旱作条件下不适宜追施化肥，如果施后遇到干旱，则肥效发挥差，只能增产 10% 左右。

播种木地肤种子发芽率不高，而以新种子收获后 3～4 月内发芽力最强，达70% 以上，木地肤种子宜于当年播种，以适应种子生物特性。

播种时期：新疆近年大量种木地肤建立人工草地，木地肤的播种时期多实行临冬寄籽播种或早春顶凌播种。新疆冬季积雪地区，雪量大，雪层厚，可以蓄积大量水分供种子发芽需要，临冬播种效果最佳。飞机播种也多在临冬之际。

播种量：供放牧地播种，每亩 1.5～2 千克，收种者 0.1～1 千克，天然草场补播 0.5～1 千克，飞机播种 0.5～1 千克。

播种方法：条播、撒播均可。条播行距为 15～20 厘米，放牧地适宜密度为每亩5万～14万株。用作生产种子者为1.3万～5万株，浅播或浅播后轻耙。

管理及收获播种当年严禁放牧，老枝条才可放牧，三年后须轻耙复壮。木地肤种子一般在降霜后成熟，落粒性强，50%种子成熟时即可收割，待其后熟。本草株高80厘米，可刈割调制干草供冬春补饲，或制草粉、颗粒饲料。

（五）经济价值评价

木地肤多生长于干旱、盐碱、荒漠地上，它的叶和嫩枝可以作为饲料，特别是春季发育快，冬季根颈部残留枝条多，保持多汁，在新疆，家畜四季都喜欢吃，而以骆驼最为喜食，是羊、骆驼抓膘催肥的优良牧草。木地肤果期含粗蛋白质最多，高于禾本科牧草，接近豆科牧草。

木地肤是草原、荒漠地区建植人工草地施行补播的优良牧草。新疆大量播种木地肤，1986年已种6.34万公顷，用以改良半荒漠，提高产草量，增加载畜量，所以是盐碱地区、半荒漠和干草原地区有价值的优良牧草。从播种当年至6～8年内都可以放牧，每亩干草量约为300千克，籽65～80千克。

木地肤在自然条件下能生长20～30年，栽培条件下约为10年。可以作为固沙植物，也可以改良盐渍化沙地草场，用以放牧家畜。

四、苦荬菜

（一）概述

苦荬菜，不仅是牧草，也是一种野菜，多生长于东亚、南亚、北亚和中亚等地区，由野莴苣逐渐驯化形成。我国的苦荬菜遍布国土疆域，在一代代的引种培育之后，分化出了能够与各地自然地理和气候条件相契的多个品种。以江苏、浙江、安徽、江西、广东、广西、湖南、湖北、四川、云南、贵州等省区栽培最多，经河北、河南、山西、辽宁等地逐渐北移到黑龙江、内蒙古和新疆，现已遍及全国，成为较受欢迎的牧草之一。

（二）经济价值

苦荬菜属典型的叶菜类牧草，茎叶脆嫩多汁，叶量巨大，适口性良好。猪、禽最喜食，喂猪可节省精料，提高母猪泌乳力，促进仔猪增长增重，喂鸡、鹅增重又多产蛋，喂兔效果很好，喂鱼也取得了良好效果，且马、牛、羊也爱吃，是高产优质的青饲料。此外，苦荬菜全株可入药，能清热解毒、活血散瘀、消痛排脓。除青饲外，还可青贮或晒制干草粉，一般每公顷青草产量 75.0～112.5 吨，高的可达 150 吨，干草粉也有 6.0～7.5 吨，每立方米可青贮 594～675 千克苦荬菜。而且，苦荬菜营养价值高，显著特点是蛋白质含量高，粗纤维含量低（见表 4-3-1）。

表 4-3-1　苦荬菜各个生长时期的营养成分（％）

（贾慎修主编《中国饲用植物志》第二卷，农业出版社，1989）

项目 生长 时期	干物质	占干物质				
		粗蛋白质	粗脂肪	粗纤维	无氮浸出物	粗灰分
营养期	86.59	21.72	4.73	18.03	36.93	18.59
抽蕾期	88.04	18.87	6.62	15.53	43.03	15.95
现蕾期	86.58	21.85	5.27	17.28	40.94	14.66

（三）植物学特征

苦荬菜为菊科莴苣属一年生或越年生草本植物，全株含白色乳汁，有苦味。直根系，主根纺锤形，入土达 200 厘米，但根系多集中在 0～30 厘米土层中。茎直立，粗 1～3 厘米，上部多分枝，株高 150～300 厘米。植株叶子在不同部位呈现出不同形态特征，植株下部叶片似根出，叶序为丛生，长 30～50 厘米，宽 2～8 厘米，没有统一的外形，开花时枯落，植株中上部叶片是茎生，叶序为互生，叶片无柄，基部围绕茎，较小，长 10～25 厘米，两面带白粉。头状花序多数在茎枝顶端排列成圆锥状，舌状花呈淡黄色，舌片顶端具 5 齿，花期长达 30～40 天，自上而下逐次开放。种子为瘦果，紫黑色，有一束白毛，长约 6 毫米，千粒重1.0～1.5 克。

（四）生物学特性

苦荬菜性喜温暖湿润气候，最适生长温度 15～35 ℃，但既耐寒又耐热，种子在土温 5～6 ℃时即可萌发，幼苗遇 –29 ℃低温不受冻害，成株遭 –4～–3 ℃霜冻仍能恢复生长，在 35～40 ℃高温情况下也能正常生长。生长速度与水分供应状况密切相关，遇旱生长缓慢，且不耐涝害，几天水淹就可使根腐烂死亡。苦荬菜能够适应多种土壤类型，可以在轻度盐碱地上生长，但最佳的土壤环境是具备一定的排水性、较为肥沃、土质中性或微碱性。此外，苦荬菜能够适应阴凉环境，不惧病虫，能够于果林行间种植。

苦荬菜在内蒙古呼和浩特地区，一般 4 月中下旬播种，6～7 月为其生长旺盛时期，平均日生长 3 厘米左右，7 月下旬抽薹，8 月中下旬现蕾，9 月上中旬开花，早熟品种于 9 月下旬种子成熟。再生性极强，刈割后 3～5 天即可长出嫩叶，水肥条件好时，北方年可刈割 3～5 次，南方则达 6～8 次。

（五）栽培技术

苦荬菜适应性较强，各种禾谷类作物、瓜类作物、蔬菜等均为其良好前作，它本身也是许多作物的良好前茬。种子小而轻，顶土力弱，应深耕细耙，施足基肥，每公顷 37.5～75.0 吨，良好墒情对保证苗齐苗壮非常重要。苦荬菜适于畦作便于灌水、施肥和管理，一般畦宽 2 米，长 5～10 米，机播时可做成大畦。

苦荬菜在北方常为早春播种，贮藏 2～3 年的种子仍有较高发芽率。以条播常见，青刈行距 20～30 厘米，采种行距 60～70 厘米，每公顷播量 7.5～12.0 千克，覆土约 2 厘米。或者通过大棚育苗，然后移栽。播种期为 2 月和 3 月，每平方米 3～5 克，幼苗长到 3～5 片真叶时即可带土移栽，按行距 20～30 厘米、株距 10～15 厘米进行。

苦荬菜适于密植，一般不进行间苗，在苗期应及时查漏补缺，对于缺苗的情况，需要在密集的区域进行带土移苗，在需要补种的地方注水然后补栽。同时，还应当定时中耕除草，对于垄作种植的地区不能忽视培土，以防止倒伏。过密时应适当疏苗，青刈地疏成单棵，采种地保持株距 20～30 厘米。生长旺盛期及每次刈割后应及时追肥灌水，每公顷追施硝酸铵 150～225 千克或硫酸铵氮肥 225～300 千克，以促进生长和再生。

苦荬菜的收割时间要根据植株生长情况决定，通常株高 40～50 厘米时开始第一次，留茬 15～20 厘米，之后要隔 5～6 周，并且到秋末最后一次刈割时可齐地进行。采种植株一般不刈割，但在温暖地区可在刈割后利用再生株采种。因种子极易落粒，故应分期分批采收。

五、杂交酸模 K-1 鲁梅克斯

（一）概述

1974—1982 年由苏联乌克兰国家科学院中央植物园以巴天酸模为母本、天山酸模为父本通过有性杂交方法选育而成。鲁梅克斯具有寿命长、返青早、生长快、高产优质、抗盐碱、适口性好等优点。主要分布在乌克兰、哈萨克斯坦和白俄罗斯，1995 年引入我国，在河北、新疆、黑龙江、江西、山东、甘肃等省区种植。大面积种植时应经过试验，切不可轻易推广。

（二）经济价值

杂交酸模鲁梅克斯是一种高产优质的牧草。在新疆南疆一年可收 5 茬，北疆可收 4～5 茬，产鲜草 150～200 吨 / 公顷，折合干草 25～33 吨，种子产量 2.3～2.7 吨 / 公顷。干物质含量 10.79%～11.9%。这种牧草产量较大，具有较高的蛋白质和维生素，17 种氨基酸（不含色氨酸）总量为 15.45%～20.01%，特别是赖氨酸和含硫氨基酸在饲料配方中有重要作用，每 100 克杂交酸模含胡萝卜素 57.69～31.25 毫克，维生素 C 为 670.41～149.1 毫克。（见表 4-3-2）同时，还含有较高的微量元素，禽类、鱼类、猪和牛对此采食的积极性和频率较高，而羊较差。其饲料形态包括鲜草、干草、青贮料、草粉、草颗粒、草砖和叶蛋白等。可以说，杂交酸模是营养丰富、调制方法多样的优质牧草。

表 4-3-2 杂交酸模 K-1 鲁梅克斯不同生育期的营养物质（占干物质%）

生育期	样品	粗蛋白质	粗脂肪	粗纤维	无氮浸出物	粗灰分	备注
叶簇期	鲜样	38.94	6.07	9.44	33.67	11.88	新疆分析测试中心分析
抽茎期	鲜样	29.08	1.75	9.18	41.9	18.69	
现蕾期	鲜样	28.94	1.65	11.23	39.16	17.51	
初花期	鲜样	27.81	3.17	17.52	42.98	8.52	引自独联体资料
开花期	鲜样	22.50	2.67	17.60	42.12	13.92	
再生开花初期	鲜样	20.56	2.27	30.59	38.93	7.56	

（三）植物学特征

杂交酸模鲁梅克斯为蓼科酸模属多年生草本，鲁梅克斯系蓼科酸模属植物的拉丁属名"Rumef"译音，K-1 是杂交育种过程中的品系编号，直根系，根体粗

3～10厘米，长15～25厘米，下面有几条粗大的支根，深1.5～2米。生活第一年为若干叶片组成的叶簇，第二年抽茎开花结实。成叶卵披针形，长45～100厘米，全缘，其中叶柄长15～40厘米，叶宽10～20厘米，光滑绿色，多汁，基生叶6～10片，小而狭，近无柄。托叶鞘筒状膜质，茎直立，粗1.9～2.5厘米，茎中下部具棱槽，开花期株高1.7～2.9米（含花序），由多数轮生花束组成总状花序，再构成大型圆锥花序；花两性，雌雄同株；花被片6.2轮，每轮3片，内花被片在果期有网纹全缘；雄蕊6个，柱头3个；瘦果，有三锐棱，褐色，具有光泽，成熟种子千粒重3～3.3克，落粒性强。

（四）生物学特性

杂交酸模鲁梅克斯适应性强，要求湿润温暖的气候条件，在年降水量600～800毫米的地区或有灌溉条件的干旱、半干旱地区均生长良好。抗寒性强，在-41.5C冬季有积雪的地方可安全越冬。返青早，在河北沧州3月初返青，3月中旬进入叶簇期，3月下旬进入花蕾期，6月初种子成熟。返青后1个月可提供青饲料。春天化雪即可返青，比紫苜蓿返青早20天。对土壤要求不严，抗盐碱能力较强，除酸性土、水淹地和地下水位较高的土地外均可种植，但在盐碱地苗期应注意洗盐压碱等措施，否则，成苗较困难。喜光不耐阴，荫蔽处生长不良，产量降低。

杂交酸模鲁梅克斯种子发芽率高达98%，无后熟期。春播后当土壤温度达10℃以上时，9～16天即可出苗，当长出第6片真叶就会逐渐分枝，这中间大约是28天，而真叶叶腋会生腋芽。腋芽的发育视植株密度和水肥通气状况而定，以后又可从每个分枝的腋芽中产生新的腋芽，再形成新的分枝，结果形成一个大的复合植株丛，此时称为叶簇期。播种当年一般不开花结实，生长第二年融雪后即返青，生长最快时一昼夜可达7～8厘米，从返青到种子成熟需87天。≥10℃积温为3550℃。种子收获后再生草可再次产生种子，在科学栽培下可获10～15年的生物量和种子高产期。在甘肃兰州4月6日播种，4月20日出苗，5月3日拔节，5月11日现蕾，5月31日开花，6月5日结实，此时株高63.5厘米。

（五）栽培技术

播种杂交酸模鲁梅克斯的地块年须多次耕作消灭杂草，并于秋季施入腐熟有机肥料40～60吨/公顷，有条件的地区应行冬灌，第二年春耙播种，如播前土壤墒情较差、杂草多，灌区可待杂草返青后浅翻灭草，灌水后再行播种。

播种期春秋皆可，但以4～6月为最好，产草量和种子产量均最高。9月后播种，当年植株长5～6片真叶，但越冬不良。乌鲁木齐的满域10月中旬播种，第二年有50%植株抽茎开花结实。为保苗，使苗期躲过短期夏季高温，可采用保护播种，即与保护作物间作，但第二年杂交酸模的产量低于单播。每公顷播种量6千克，为便于中耕除草和追肥，可采用40厘米与80厘米宽窄行播种。覆土深度1.5～2厘米。播后覆土镇压，使种子与土壤紧密结合。播种时不宜用过磷酸钙和硝酸铵做种肥，因为它们在杂交酸模鲁梅克斯播种后出苗的头40天内会在土壤中分解，放出的硫酸盐将抑制其生长。

杂交酸模鲁梅克斯是多刈性高产牧草，每次刈割将从土壤中带走大量养分。因此，每次刈割后均应追肥，追肥应施氮、磷、钾混合肥料，特别要多施氮肥。杂交酸模鲁梅克斯根系入土深，可吸收土壤深层水分，因而有一定的抗旱能力，但由于叶片多、叶面积大，水分消耗多，尤其夏季高温季节，灌溉地应及时灌水，苗期和每次追肥后更应灌水。

杂交酸模鲁梅克斯苗期长达2个月，生长缓慢，应注意除草，分枝期后可使用机械除草。成株后叶面积大，对杂草有极强的抑制力。株高60～90厘米时即可刈割，以后一个月可再次刈割，秋季停止生长前30天所生长的叶簇不应收割，以便将可塑性营养物质输送到根茎和根部贮藏，有利于越冬和翌年再生。

每次刈割的鲜草，由于茎叶含水量高，鲜干比通常为10∶1，应迅速铺晒、晾干。如翻动不及时，则导致上层叶片过干而下层叶片霉烂变质，如遇下雨天气，损失更严重。青贮时需晾晒1天，然后锄切成10～20厘米长度，再与锄碎的小麦秸秆或玉米秸秆及带果穗玉米（1～2厘米长度）混合青贮或分层混合青贮。

杂交酸模鲁梅克斯的主要虫害有地老虎、蟓蜻、叶蜂、蟋蟀等。病害主要为白粉病和根腐病，后者引起缺苗而减产。注意灌水和中耕，可防止根腐病。白粉病多出现老化叶片上，特别是收种地块上。及时刈割或喷粉锈宁，可以有效地防除白粉病。

第五章 牧草的加工与贮藏技术

第一节 干草调制与贮藏

一、青干草的调制

干草的调制直接决定了成品的营养价值，是牧草种植行业的关键技术之一。干草调制主要包括收割、晾晒和贮藏三个环节，收割应当把握好时间和留茬高度，收割下来的牧草是鲜草，水分含量较高，可以直接用于家畜喂养，但是制成干草能够延长保存时间。这就需要进行晾晒或者人工干燥，使其水分降低到15%～18%以下。干草，也被称为青干草，这与它的颜色有关。青干草因调制方法的差异，其品质可能会是天壤之别。优质青干草的蛋白质含量甚至比禾谷类籽实饲料更高，并且能够为羊的繁殖提供不可缺少的氨基酸。因此，干草经常与其他籽实饲料混合用于家畜喂养，实现饲料的优化利用。

（一）牧草的收割

在进行牧草收割时必须要加强对时间和留茬高度的把握。

1. 牧草收割的适宜时期

判断牧草收割的适宜时期，不仅要关注产草量，还应当关注其营养成分。牧草的生产期中，其产草量和营养成分是逐渐攀升至最高点然后衰落的，必须要抓住最高点时期进行收割。

通常而言，豆科牧草在蛋白质、维生素和矿物质等方面具备优势，并且其营养成分多集中在叶片部位，约有六至八成，而根茎中较少，所以豆科牧草的收割要尤其关注其叶片的生长和营养成分。豆科植物在生长过程中，其叶片量和根茎量是动态的，现蕾期叶片多而根茎少，牧草品质较好，之后随着植株继续生长叶片会减少而根茎会增多，此时牧草品质也随之越来越差。因此，要尽可能减少豆科牧草叶片损失，不能将收割时间拖到太晚，并且晾晒时也要注意保护叶片。而豆科牧草自身的产量变化也是不能忽视的，从生育期到盛花期，豆科牧草的产量一路上升，而后开始减少。因此，收割时间不能太早，否则牧草本身产量不佳，即使叶片占比多也无济于事。尤其是早春季节，此时收割不仅会影响牧草产量，还会影响来年的返青率。因为早春时节豆科牧草刚刚从寒冬中复苏，其根部还没有恢复，没有积累足够的碳水化合物。一般情况下，北方都会在早霜前一个月对豆科牧草进行最后的收割，以避免其营养物质过少而在冬季死亡，保障牧草正常过冬和返青。总而言之，豆科牧草的收割要关注其产量、叶片量和越冬返青需要等，最佳时间是现蕾盛期至始花期。

禾本科牧草收割同样关注其茎叶比，牧草生长初期通常是叶片多而茎少，蛋白质多而纤维素少，直至抽穗阶段，其后叶片减少而茎增加，相应地，蛋白质降低而纤维素上升。从禾本科牧草的生长过程看营养成分：抽穗之前，粗蛋白质的含量较高，粗纤维含量较低；开花期后，两者变化趋势转换；在成熟期，粗蛋白含量降至最低，而粗纤维含量升至最高。从其生长过程看产量，在开花期前呈增加趋势，而后开始减少。也就是说，禾本科牧草的产量高峰和营养成分含量高峰并不重合，分别是开花期和孕穗－抽穗期。根据这一点，再综合考虑牧草的再生性等，其最佳收割期是抽穗开花期。

2. 割草留茬高度

留茬高度对青干草的调制也有着重要影响。如果留茬高度过高，产量就会降低，营养成分总含量也会降低，相反留茬高度过低，产量和品质增加，但是却会阻碍其再生。通常情况下，1年1割的牧草可以将留茬高度适当放低。并且多年的收割经验已经证明了，将收割高度控制在4～5厘米，能够实现产量和越冬、再生性的平衡。对于1年多次收割的牧草，则不能将留茬高度放低，而应当控制在6～7厘米，避免影响其越冬和再生。

在使用机械割草时，当时的风力和风向都可影响割草高度，从而影响牧草的产量。影响草产量的主要原因是：随着风力的增加，割草的高度也随之增加，当风力达到5级以上时，应该停止割草。

风向也能影响割草的收获量。逆风割草，割草后留茬高度较低，牧草损失较小，顺风割草时牧草的损失较大。

对于大面积牧草生产基地，一定要控制好每次收割时的留茬高度，如果留茬过高，枯死的茬枝会混入牧草中，严重影响牧草的品质，降低牧草的等级，直接影响牧草生产的经济效益。

在气候恶劣、风沙较大或地势不平、伴有石块和鼠丘的地区，牧草的刈割高度可提高到 8～10 厘米，以有效保持水土，防止沙化。

在考虑综合因素的前提下，天然草地和人工草地牧草的适宜收割高度一般为 5～6 厘米。针茅、棱狐茅及其他带有稠密低草的草地，割草高度应为 3～4 厘米。在地面不平时，可稍提高割草高度。下一年作采种用的多年生牧草和第一年播种的人工草地，割草高度最好是 7～9 厘米。下面有粗茎的高茎牧草、芦苇、大型苔草、高大的杂类草，割草高度可适当提高，但不宜超过 15 厘米。

（二）收割方法

1. 人工割草

人工割草虽然效率相对较低，并且劳作量较大，但是仍有其应用价值。很多小面积和分散式的牧草种植区，并不适合使用机械，主要采用的就是人工割草。主要用具为镰刀或锣刀。前者效率最低，通常一个人使用镰刀一天可以收割 250～300 千克鲜草。后者效率较高，这与其自身形态有关。锣刀刀片宽达 10～15 厘米，柄长 2.0～2.5 米，是一种大型的镰刀，人们在使用时需要较强的腰力和臂力，在割草的同时将之集成草垄，通常一个人使用锣刀一天可以收割 1200～1500 千克鲜草。

2. 机械化割草

我国牧草种植业不断发展，出现了很多大规模的集中式牧草种植区，更加便于采用机械化割草的方式。而国内机械制造业也在发展，部分企业引进了国际上先进的割草机械，同时相关制造企业也在加强研发，市面上出现了大量价格较低且适用限制小的割草机械，机械化割草方法得以普及。

如今国产的割草机械主要有畜力割草机、机动割草机两类。前者普及度较高，更受牧民的欢迎，如内蒙古制造的 GC1.4 型畜力割草机，割幅 1370 毫米，当前进速度达到 5.5 千米 / 小时，割草 0.5 公顷 / 小时。使用时需要操作者一人，畜力为 2 匹马或 2 头牛，平均割茬高度为 5.3 厘米。这种机型适用于多种收割情景，不会受到牧草高低、疏密以及地面平整度的限制，一般每天可割草 4～5 公顷。

机动割草机可分为牵引式和悬挂式两种。国产牵引式单刀割草机，割幅 2.1 米，前进速度 5 千米 / 小时，可割草 0.8～1 公顷 / 小时，留茬平均高度为 5.3 厘米，可用 15～30 马力拖轮式拖拉机牵引。机引三刀割草机，当前进速度为 5.5 千米 / 小时，可割草 3 公顷 / 小时。属于悬挂式的割草机有手扶侧悬挂割草机，割幅 2.1 米，割茬高度最低为 5 厘米，当前进速度为 6.2 千米 / 小时，可割草 0.8～1.2 公顷 / 小时。以上均是往复式割草机。

目前旋转式割草机发展较快，它利用装在回转滚筒或圆盘匕的刀片进行割草。这两个部位的旋转方向相对，转速为 1800～3000 转 / 分钟，每小时能够前进大约 25.8 千米，工作幅宽 1.5～1.8 米。国内企业生产的旋转式割草机割幅为 3 米，割草高度可控制在 2～12 厘米，割后自动集成条堆，条堆幅宽 60～70 厘米，不必再进行搂草。当前进速度为 9 千米 / 小时，割草效率能达到 2.7 公顷 / 小时，并且具有较强的抗风能力，在 6～7 级大风天气依然可以正常工作。这种机型结构简单，不管是操作还是修理难度都很低，其劣势在于切割刀盘无法根据障碍物情况自行升降，割下的草较碎。从割草机械的类型来看，滚筒式、圆盘式或水平旋转式割草机在国外使用较为广泛，它们具有结实耐用、效率高的特点，可以在收割牧草的同时进行压扁和成条。

（三）牧草的干燥

完成牧草的收割之后要进行的就是牧草干燥。作为青干草调制的重要环节，牧草干燥有一些要点应当遵循。在此工作中，应当在尽可能短的时间内完成干燥，注意天气变化，既要防止雨天淋溶，又要防止长时间受到阳光暴晒，工作后期要控制干草各部分的含水量，使之保持均匀的状态，集草、聚堆、压捆等程序要把握时间，避开植物细嫩部分易折断的时间。

牧草的干燥方法虽然十分多样，但宏观角度看主要包括两种类型，分别是自然干燥法和人工干燥法。前者中较为常用的是地面干燥法，这种方法要求在牧草收割后不多加处理，直接放置在地面干燥 4～6 小时，当牧草的含水量为 40%～50% 的时候，将之集成草垄继续干燥，直至其含水量为 35%～40%，在其叶子脱落之前将其集成草堆，继续干燥 2～3 天的时间就可以达到理想的干燥状态。其中要注意的是牧草叶子脱落时间的把握，不同种类牧草叶子脱落的时候其叶子的含水量不同，豆科牧草为 26%～28%，禾本科牧草为 22%～23%，而禾本牧草此时总含水量在 35%～40% 以下，牧草干燥中的搂草和集草程序一定要把握好时间，才能够避免牧草叶片营养价值受损。此外，在我国东北、内蒙古东部以及南方一些山地草原区，牧草收割期正值雨季，应尽可能加速牧草干燥，缩短时间。

相比自然干燥法，人工干燥法更加可控，主要是通过增加牧草与大气水分的差距以加快失水速度。空气的高速流动能够带走牧草周围的湿气，减少水分移动的阻力。人工干燥法中较为常用的主要是鼓风干燥法和高温快速干燥法。前一种方法需要在牧草收割后就地压扁和预干，等其含水量在 50% 左右时，再放入干草棚，干草棚中通常会加装通风道以及吹风装置，在常温状态下利用吹风装置使牧草干燥。后一种方法是将牧草收割后直接利用烘干设备的高温气流进行干燥，设备的性能不同，干燥速度也就不同，慢的需要花费几个小时，快的只需要几分钟甚至不到一分钟就能达到理想的干燥状态，然后将之加工处理成粉状或者颗粒状。烘干设备内的温度不是均匀的，通常出口温度比入口温度要低，有的入口温度为 75～260 ℃，出口温度为 25～160 ℃，也有的入口 420～116 ℃，出口 60～260 ℃。但是烘干设备的温度不会对牧草的温度造成过多影响，通常牧草温度都在 30～35 ℃以下。人工干燥法的可控性使干草养分得以尽可能保留，但是其中的蛋白质和氨基酸不可避免地会被影响，并且其中的维生素 C 等含量也会有所下降。

在生产中，亦可将刈割后的鲜草在田间晾晒一段时间，当鲜草含水量降至某程度，因气候条件不允许继续晾晒下去，或因空气湿度较大，不可能在短期内使水分降低到安全水分时，将这些半干草人工干燥，并加工成所需的副产品。这种方法的优点是，烘干时所耗能量较小，固定投资和生产成本均较低，可提高生产效益。这一方法适合在降水量 300～650 毫米的地区使用。

另外，还有压裂牧草茎秆、双草垄速干法、豆科牧草与作物秸秆分层压扁法和施用化学制剂加速田间牧草（豆科）的干燥等加速牧草干燥的方法。

二、青干草的贮藏

之所以将鲜草制作成干草就是为了延长其保存时间，而干草贮藏直接关系到这一点。做好干草贮藏，不仅能够使干草保存得更久，调节和均匀不同时间的干草供应，还能够减少营养损耗，弱化微生物的分解作用。而这一环节的关键就在于干草含水量的控制，所以必须要做好含水量判断，在合适的时间进行贮藏。当前主要是通过感官来进行判断的。

（一）干草水分含量的判断

干草贮藏最佳的水分条件是 15%～18%。水分过多或者过少都会影响贮藏质量，而干草水分的判断就十分重要，在实际的工作中一般是通过以下方法进行判断的：

（1）含水分 15%～16% 的干草，紧握发出沙沙声和破裂声（但叶片丰富的低矮牧草不能发出沙沙声），将草束搓拧或折曲时草茎易折断，拧成的草辫松手后几乎全部迅速散开，叶片干而卷。禾本科草茎节干燥，呈深棕色或褐色。

（2）含水分 17%～18% 的干草，握紧或搓揉时无干裂声，只有沙沙声。松手后干草束散开缓慢且不完全。叶卷曲，当弯折茎的上部时，放手后仍保持不断。这样的干草可以堆藏。

（3）含水分 19%～20% 的干草，紧握草束时，不发出清楚的声音，容易拧成紧实而柔韧的草辫，搓拧或弯曲时保持不断。不适于堆垛贮藏。

（4）含水分 23%～25% 的干草搓揉没有沙沙声，搓揉成草束时不易散开。手插入干草有凉的感觉。这样的干草不能堆垛保藏，有条件时，可堆放在干草棚或草库中通风干燥。

（二）干草的堆藏

牧草经过收割、干燥和调制之后，成为含水量 15%～18% 的散干草，就可以进行堆藏，一般会有长方形堆垛和圆形堆垛两种堆藏形式，前者的尺寸通常是宽 4.5～5 米，高 6.0～6.5 米，长 8 米以上，后者的尺寸通常是直径 4～5 米，高 6.0～6.5 米。干草的堆垛不是直接在某处地面上进行，而是首先确定堆垛地点，其地面应满足干燥的要求，其次要进行垛底处理，以树干、秸秆、砖块等构建垛底，在于周边布置排水沟沟深 20～30 厘米，沟底宽 20 厘米，沟上宽 4 厘米。完成垛底后再层层堆草，长方形堆垛与圆形堆垛的由内向外不同，是从两端向内，并且为了排水，要使中间较高，四边较低。堆垛的一个要点在于层层压紧，使之保持紧密，尤其中部和顶部。长方形堆垛并非上下同宽，而是在 1/2 或 2/3 处开始逐渐放宽，使各边宽于垛底，避免积水。除了要考虑雨水天气，还要考虑风的因素，一般其较长的一边应当顺着主风向，其顶部还应当用劣质草覆盖压紧并压上重物。堆垛中干草的含水量并不均匀，通常内部更干，周边部分的较湿，这样对干燥和散热更加有利。堆垛顶部坡度与当地气候有关，多雨则坡度大，少雨则坡度小。这种堆藏成本低，但其质量却会被气候环境所影响，容易出现褪色、营养受损以及变质等问题。

散干草除了直接堆垛之外，还可以处理成干草捆再堆垛。干草捆密度更大，便于贮藏，通常是先将之在室外堆垛，再于顶部装设防护层，或者直接装入棚中。草垛的尺寸通常是宽5～5.5米，长20米，高18～20层干草捆。干草捆应当平放，最长的四条边与地面平行，层层堆积，只有底层的干草捆不同，是竖放，最长的四条边与地面垂直，彼此挤紧，保证没有空隙。同时相邻两层的干草捆之间应当如犬牙差互，这样会更加紧密，草垛更加牢固。除底层无通风道之外，上面的干草捆层应留25～30厘米宽的通风道，双数层为纵向，单数层为横向，通风道的数目可根据草捆的水分含量确定。干草一直堆到8层草捆高，第9层为"遮檐层"，此层的边缘凸出于8层之外，作为遮檐，第10、11、12层以后成阶梯状堆置，每一层的干草纵面比下一层缩进2/3或1/3捆长，这样可堆成带檐的双斜面垛顶，垛顶共需堆置9～10层草捆。干草捆堆完之后要在顶部铺设防雨层，或者直接堆垛在棚中，棚子起到防雨作用即可，不需设墙，以经济实用为上。这样贮藏可减少营养物质的损失，干草棚内贮藏的干草，营养物质损失1%～2%，胡萝卜素损失18%～19%。

第二节　青贮饲料的调制

青贮也是常见的牧草加工贮藏方式，主要是将牧草放入密闭设备进行乳酸菌发酵，这是因为密闭设备没有氧气，乳酸菌能够发酵产生乳酸，从而抑制有害菌的繁殖，这样就可以长期保存牧草的营养。

青贮饲料中的"青"就指明了牧草为青色，较为新鲜，其养分得以最大程度保留，适口性好，便于家畜消化，在没有新鲜饲料的时候能够满足家畜对青饲料的需求。并且这种加工贮藏方法没有天气要求，饲料来源广，能够大量贮存，亦有消灭病虫害和杂草种子的作用。

一、制作青贮牧草应掌握的条件

青贮饲料的调制关键在于促使乳酸菌发酵，所以应当为之创造恰当的生存繁殖条件，主要需注意如下几点。

（1）创造厌氧条件

厌氧条件就是没有氧气的环境，这就需要填装原料的时候压实，使空气排出，并密封好，避免外界空气进入。

（2）恰当的温度

乳酸菌发酵需要一定的温度，应当是温度不低于 19 ℃，不高于 37 ℃，最佳温度范围为 25～30 ℃。发酵温度在 35 ℃以下时，发酵期为 10～14 天；35～45 ℃时，发酵期 13～20 天。

（3）青贮原料含糖量应适宜

乳酸菌发酵需要消耗葡萄糖，所以，青贮原料的含糖量应当适宜，为鲜草的 1.0%～1.5%。通常禾本科牧草，如玉米、燕麦、向日葵、块根块茎类、饲用瓜类等含糖量高，易于青贮。而含糖量低的豆科牧草，如苜蓿、草木樨、三叶草，还有箭舌豌豆、马铃薯茎叶、壳等，不能够单独青贮，这些原料糖分低，乳酸菌难以发酵，无法抑制有害菌，会导致变质。但是这些原料可以和糖分高的原料混合青贮，或调制成半干青贮料。

（4）青贮原料水分应适宜

和青干草一样，青贮对原料水分也有要求，不过不同于前者的低水分要求，青贮要求禾本科牧草含水量为 65%～75%，豆科含水量为 60%～70%，质地粗硬的原料青贮含水量可达 80% 左右，质地多汁嫩软的原料以 60% 为宜。

如果原料水分不适宜，就需要进行调节，如晾晒、加水，或者与其他原料混合青贮。

（5）选择优质原料

作为青贮原料，首先应是无毒、无害、无异味，可以用作饲料的青绿牧草。其次青贮原料选择应以保持较高营养价值为目的，即尽量选择干制时易导致营养价值损失大的牧草。

二、青贮设备

为了满足乳酸菌发酵的条件，青贮设备的选择应当慎重，需综合考虑空气、水、土质、运输和安全性等因素。

（1）地下或半地下长方形青贮窖

选择地下或者半地下长方形青贮窖应当合理确定尺寸，通常是深 2～3 米，宽 2.5～3.5 米，结合场所大小和青贮料的多少确定长度。需要注意的是，为了便于取出和运送，青贮窖的深度要把控好。当调制需以拖拉机进行碾压工作时，其宽度则应当是拖拉机宽的 1.5 倍。

（2）塑料袋青贮

很多牧草种植区会在秋季进行多汁牧草的收割，对于这种原料，青贮设备最好是选择塑料袋。这种塑料袋并非随意购买，而是需要特别制作，使用的塑料薄膜应当具备良好的抗热性能、不容易变硬、弹性良好、使用寿命长、无毒性等特点，其尺寸应当结合家畜、家禽的多少来明确，注意不能太大，最好是每袋可装 25～100 千克。青贮原料应当是柔软多汁、易压实的青料，贮存时要防袋破裂，严防鼠害。

（3）地上青贮塔

最后一种青贮设备是地上青贮塔，它通常是圆形的，施工原料为砖、水泥，尺寸为高 12～14 米，直径 3.5～6 米。为了方便原料的装填和取用，应当在塔的一侧每隔 2 米高开一窗口，大小为 0.6 米 × 0.6 米。场地的选择需要考虑地下水的因素，最好是高水位。

三、青贮的方法和步骤

（1）青贮原料的适时收割

青贮原料同青干草一样需要选择恰当的收割时间。这就不仅要考虑原料的养分、产量，还需要考虑原料的可溶碳水化合物和水分等的含量。收割时间的确定遵循宜早不宜迟的原则，豆科牧草为现蕾至开花期，禾本科牧草为孕穗至抽穗期，其中带果穗的玉米为蜡熟期，同时还需注意落霜，如果严重需要尽早收割、青贮。玉米秸的收割时间为玉米穗成熟收获后玉米秸仅有下部 1～2 片叶枯黄时，并且马上青贮，或者是在玉米七成熟时，收割果穗以上的部分（果穗上部要保证一片叶片）青贮。

（2）切碎、装填和镇压

牧草在青贮之前需要切碎，根据水分多少决定切碎的程度，通常水分越少，切得越碎，反之可以切得稍长。当作为反刍家畜的饲料时，细茎植物类的牧草通常切至2～3厘米长，而较为粗硬的牧草通常切至0.4～2厘米。

随后进行装填，底部是一层10～15厘米厚切短的秸秆，这样有利于吸收青贮汁液，再由下至上层层进行装填，每装填50厘米，便以设备进行镇压，如拖拉机，当镇压至难以下陷的时候再重复进行装填和镇压，当原料高出窖面50厘米时停止。其中的要点为保证壁边和四角的紧实，严禁渗漏。

（3）密封及管理

密封应当迅速和及时。如果密封较晚，必然会损伤原料。常用的密封措施为将秸秆或者软草铺设在原料上方，然后铺设塑料薄膜，最后铺设土层。土层通常为30～50厘米厚的土，铺设完毕后压紧压实，呈现出半球状。

密封后还需进行管理，定期检查，以便第一时间解决塌陷、渗漏等问题。此外，周围还需设置排水沟，避免积水。

（4）二次发酵的防治措施

青贮还需要采取一定的措施来防止二次发酵。二次发酵指的是氧气进入青贮设备中，导致乳酸菌难以继续发酵，部分菌种活跃，从而致使饲料变质，这一般是由于饲料的取用不当和密封管理没有做好。所采取的措施包括加强密封和压实，还可以使用一定的防腐剂。固定取用位置，结合家畜、家禽食量确定取用数量，还应当及时覆盖表面。

（5）开窖取用注意事项

青贮所需的时间不长，通常是40～50天就能够成功，并能够取用。

取用时要注意时间，尽量不在过热和过冷的时节取用。前者容易引发二次发酵等腐坏问题，后者容易导致饲料结冰，应当使之融化再让家畜、家禽食用，否则将会导致家禽、家畜生病，尤其是怀孕期的禽畜很可能流产。应当选择气温偏低而鲜草少的时间进行取用。

开窖之后应当边用边取。根据每次喂养禽畜需要的数量来取用，严禁多取慢用。每次取用后，应当立刻用草席或塑料薄膜覆盖取用位置，否则很容易导致腐坏。

取用时要注意顺序，通常是由表及里、层层取用，使其外形呈现出均匀的特点，严禁在一个位置往深处掏。取用的速度通常是每日 6～7 厘米厚。同时，还需要注意排水，防止积水、流水进入青贮设备，否则将会导致饲料变质。如果取用过程中由于种种因素导致没有保存好，而发生了表层饲料腐坏等问题，一定要尽快将之丢弃，避免这些饲料用于饲养引发家畜中毒和患病。

青贮需要严格的厌氧环境。如果密封情况好，能够保存数年。因此，在青贮过程和后期的取用中都必须减少空气接触。

四、低水分青贮及其他青贮方法

（1）半干青贮

青贮法对牧草的水分含量有着要求，不能用于高水分牧草的调制和保存。对于这种情况，可以进行半干青贮。这种方法主要就是在牧草青贮之前做好晾晒，直到其水分含量为 45%～55%。

判断其含水量也是通过直观的感觉。通常来说，禾本科牧草的颜色不再鲜绿，叶子变为卷筒，而茎秆根基的位置还是新鲜的，其含水量就达到了半干青贮的要求。豆科牧草叶子变为卷筒，叶柄稍一用力就能折断，茎秆能够挤出水分，茎表皮可用指甲刮下，含水量即约为 50%。

（2）添加防腐剂法

甲酸：使用甲酸，每吨原料加 85% 甲酸 3～4 千克，禾本科牧草宜低，豆科牧草宜高。

添加甲醛：每吨青贮原料加 5% 的甲醛 1～6 千克。

接种乳酸菌：按每吨青贮原料加乳酸菌培养物 0.5 升或乳酸菌剂 450 克。

（3）添加尿素

目的是提高青贮料中的粗蛋白质含量。添加量按原料质量的 0.3%～0.5%。

（4）混合青贮

对于糖分、水分等无法满足青贮要求的牧草而言，混合青贮是十分便捷的方法，只要将之同糖分、水分含量与之相反的牧草混合即可。同时，也可以出于养分因素，将不同养分的牧草进行混合，使最后的饲料养分均衡。一般豆科牧草的糖分较少，会同禾本科牧草进行混合青贮。如苜蓿与玉米秸可按 1：2 或 1：3

的比例混合青贮；红三叶与粗饲料秸秆、玉米秸与马铃薯、甜菜叶与糠壳类饲料混合，都可以制成优质青贮料。

（5）真空青贮法

以上介绍的牧草青贮方法，在制作青贮排除青贮料中空气时都是采用拖拉机碾压或人踩踏的办法，这是一种繁重紧张的劳动，费时费力。真空青贮方法简便、成本低，更适于农户进行青贮时的规模化使用。

在地上铺上塑料垫子，把切碎的青贮原料堆上去，为防止青贮堆倒塌，可在青贮堆下部用细木杆做一个围栏围住，最好利用席子或草帘围成一个圆箍，在把青贮原料装好后，小心拆去围杆和围席。从上面套上一个塑料罩，塑料罩应比堆围大，高度也应高出30～40厘米，罩的底边与塑料垫子的边平叠卷起来，用土压埋住不要透空气。

塑料罩上要特做一孔，供于抽气泵或真空泵连接抽出其中的空气。空气被抽出后，青贮堆被大气压力压紧，体积可缩小达40%。同时在塑料垫子边底要留一个排水孔，以便排除青贮堆下面积聚的水，水排出后，立即将排水孔塞住。

青贮堆由于缺乏游离氧气便开始乳酸发酵，发酵过程很强烈，5天就够了，一周左右塑料袋就可取下来供其他青贮堆使用，已青贮好的青贮料用塑料薄膜覆盖。

真空青贮法的优点是简化了青贮过程，设备只要一个抽气泵，定做一个塑料罩，可大大降低一般青贮时需要的大量劳动力成本。

（6）青贮料的品质鉴定

青贮料品质鉴定可分为感官鉴定与实验室鉴定。

①感官鉴定。根据对青贮料的颜色、气味、口味、质地、结构等的观察与触摸，通过感官评定青贮料的品质。这种方法简便易行，不需仪器设备，在实践中普遍采用。青贮料品质感官鉴定标准：优质青贮颜色青绿或黄绿，接近原色，有光泽；气味清香，微酸，香水型味；结构湿润、紧密，茎叶保持原状，容易分离；中等品质青贮颜色呈黄褐色或暗绿色，有强酸味，香味淡，茎叶部分原状；低劣品质青贮颜色褐色或暗绿色，有腐臭味、霉味，茎叶等腐烂，黏结成块状或发霉松散。

②实验室鉴定。主要指标是青贮料的有机酸含量。有机酸含量高，pH低，说明青贮料品质好；而pH高，说明青贮料在发酵过程中，腐败菌、乳酸菌等活

动较强烈。可用 pH 试纸测定青贮料的 pH，而在实验室内，也可用酸度计测定。一般青贮料的 pH 要求在 4.2 以下，超过 4.2，就说明青贮效果不很好；达到 5～6，就是劣质料。

（7）青贮料的饲喂方法

没有喂过青贮饲料的家畜，开始时多不喜欢吃。所以刚开始时，应先使家畜空腹，从少量青贮拌和精料喂起，由少到多逐渐增加。一般从少量开始饲喂到添加至正常量需 10～15 天。一般肉牛喂量 20～25 千克 / 天，奶牛 25～30 千克 / 天，羊 1～2 千克 / 天。要求拌干草或精饲料饲喂，不能单喂青贮料，也不要过量。

青贮牧草开窖饲喂后，应严防"二次发酵"。每天取用厚度应不少于 20 厘米。取用后立即用塑料薄膜压紧，减少青贮料与空气的接触。一旦开窖后饲喂应不中断，以免青贮料发霉变质。

第三节　草产品的加工

畜牧业的发展促进了草产品加工的发展，国外草产品加工已经产业化，反哺了畜牧业的发展。在我国，以苜蓿草粉、草捆、草颗粒为主导产品的草产业也在蓬勃发展，正成为增加农民收入、优化农村经济结构的朝阳产业。

由优质干草制成草粉，由草粉压制成草块、草颗粒；或将优质鲜牧草刈割后，经人工快速干燥，粉碎制成草块、草颗粒，或将鲜草直接压成干草块、草颗粒、干草捆。草产品质量好，运输、贮藏方便，在发达国家已广泛应用。经高温快速干燥的草产品，总的营养物质损失仅 2%～3%，胡萝卜素的损失也在 1% 以下，是值得大力推广的一种牧草加工方式。

一、干草捆

干草捆是最为常见的一种草产品，其制作十分简单，就是借助机械设备在青干草经过自然干燥法处理之后加工为较大的草捆，这也是很多草加工过程中的初步环节，也就是说很多产品是对干草捆进行再加工制作而成的。这种加工方式十分简单，经济性强，其过程主要有两个步骤，第一就是将收割后的牧草就地进行地面干燥法处理直至其含水量达到理想状态，即 20%～25%。第二就是使用打捆设备进行打捆。常见的打捆设备有捡拾打捆机、固定式打捆机，前者能够加工出低密度草捆，后者能够加工出高密度草捆，这两种草捆的密度分别是100～200千克/立方米和240～400千克/立方米。

干草捆可垛成长20米，宽5～6米，高20～25米层垛，每层设通风道。可露天堆放，最好放入草棚，露天贮藏要在垛顶部用篷布或塑料布覆盖，以防雨水浸入。

二、干草块

干草块是对干草或干草捆加工而成的，就是借助专门的压块机将之进行切断压制，最终加工出高密度的块状饲草。这种加工方法密度高，能够尽量避免养分损失，不会导致污染，具有防火、防潮、便于贮藏运输的特性。其方法主要有以下三种类型。

（1）田间压块

田间压块需要用到田间捡拾压块机，这种设备具有捡拾和压块两种作用，可以在田间就地加工，制作出高密度的干草块，通常其密度是700～850千克/立方米，尺寸是30毫米×30毫米×（50～100）毫米。需要注意的是这种方法对干草水分有要求，应当为10%～12%，而且至少90%为豆科牧草。

（2）固定压块

这种方法需要用到固定压块机，加工后的干草块尺寸为3.2厘米×3.2厘米×（3.7～5）厘米，密度为600～1000千克/立方米。

（3）烘干压块

这种方法主要应用移动式烘干压块机，由运输车运来牧草，并切成2～5厘米长的草段，由运送器输入干燥滚筒，使水分由75%～80%降至12%～15%，干燥后的草段直接进入压块机压成直径55～65厘米、厚约10毫米的草块，密度为300～450千克/立方米。

三、草粉和草颗粒

（一）草粉加工

并非所有的牧草都适合加工成草粉，一般豆科、禾本科牧草较为适合，尤其是苜蓿，这种牧草所制作的草粉占据了全部数量的 95% 左右，由此可知这是最适合草粉加工的牧草。草粉对原料的含水量没有要求，干草、鲜草均可，但是对干草品质有要求，必须是优质的。对于干草，第一步要做的就是将其中的毒草、砂粒和品质不佳的部分挑出丢弃；第二步是处理返潮的部分，使之干燥后进行粉碎处理。如果是豆科干草，应当将其茎秆和叶片调和均匀。完成干燥后，马上借助锤式粉碎机进行粉碎，再过筛。如果是用于肉牛喂养，应当将草屑控制约为 3 毫米。对于鲜草，第一步要做的是使用高温烘干机进行烘干，将其水分含量控制为约 12%；第二步是粉碎和过筛。相比干草的草粉加工，鲜草的草粉加工工序少而品质优，但是成本更高。

（二）草颗粒加工

草颗粒是对草粉的进一步加工，相比后者，它在贮藏和运输上各具优势，主要使用的设备是制粒机。草颗粒的尺寸没有严格要求，一般是直径 0.64~1.27 厘米，长度 0.64~2.54 厘米。颗粒的密度约为 700 千克／立方米。在加工时，为了避免其中胡萝卜素的损失，一般会使用抗氧化剂。同草粉一样，草颗粒的主要原料也是苜蓿，其大约占据总数的九成以上。

四、饲料砖

将作为牛、羊补充料的蛋白质饲料及矿物质添加剂放入草粉中，加入适量的玉米粉，压制成砖块状，供牛、羊舔食。可在冬春饲草不足时给牛、羊补充营养，促进牲畜的生长发育及母畜产仔泌乳。生产上应用的种类很多，可以根据畜种灵活掌握。

（一）尿素盐砖

以尿素、矿物元素、精料、食盐、黏合剂（糖蜜渣）及维生素为主，混入草粉中压制而成。

（二）盐砖

以盐为主，加入玉米粉、尿素、微量元素混入草粉中制成。

第六章　牧草的科学利用

第一节　牧草在畜禽养殖中的应用

一、青绿饲料的营养特点

新鲜的牧草含水分量一般为 80%～93%，干物质含量相对较低，粗纤维在干物质中所占比例较大。青绿饲料的适口性较好，但喂饲过多会影响其他饲料的摄入。对于畜禽而言，青绿饲料的营养特点主要有以下几点：

（1）蛋白质含量较高且质量好。在青绿饲料中粗蛋白质含量占其干物质总量的 10%～20%，豆科牧草中蛋白质含量高于禾本科牧草。由于青绿饲料中所含氨基酸比较全面，其蛋白质的消化率达 70% 以上，而一般籽实类饲料中蛋白质的消化率在 50%～60%。

（2）含有丰富的维生素。青绿饲料中胡萝卜素的含量较高，每千克青草中含胡萝卜素 50～80 克，高于其他植物性饲料。此外，B 族维生素和维生素 C、维生素 K、维生素 E 的含量也比较高。但是，牧草在堆积、晒制过程中一部分维生素会被破坏。一般豆科牧草的维生素含量高于禾本科牧草，春草的维生素含量高于秋草。

（3）钙、磷含量较高。尤其是在豆科青绿饲料中，钙、磷含量不仅较高，而且两者的比例恰当，易于被动物吸收。不过不同种类的牧草、不同的利用时期，甚至在其不同的部位，钙、磷含量都会有较大差异。

（4）粗纤维含量较低。青绿饲料中粗纤维含量一般不超过其干物质总量的 30%，幼嫩牧草粗纤维的含量低于枯老的，叶片粗纤维的含量低于茎。优质牧草所含有机物的消化率，牛、羊为 80% 左右，猪为 45% 左右。

（5）容积大。喂饲后可以起到填充胃肠容积的作用，其中的粗纤维还可以刺激消化道内壁，促进蠕动。

此外，青绿饲料中还含有未知促生长因子、酶、类激素等生物活性物质。

二、牧草在牛羊饲养中的使用

（一）牛羊对青绿饲料的消化特点

牛和羊在消化特点方面有相似之处，都是反刍动物，都有瘤胃。瘤胃中存在大量的微生物和原虫，它们可以分解青绿饲料中所含的粗纤维，使之成为易于被动物吸收的低级挥发性脂肪酸（如丙酸、丁酸和乙酸等）。因此，牧草可以在牛和羊的饲料中占较大的比例。用牧草喂饲牛羊既可直接放牧或刈割后喂饲，也可以晒制成青干草或制作成青贮饲料使用。青绿饲料中的碳水化合物、脂肪和蛋白质在消化道内被消化酶所分解，生成小分子营养素被吸收。

（二）牧草用于肉用牛羊

对于肉牛和肉羊来说，其突出的特点是生长速度较快，每天需要有较高的营养摄入量。由于牧草含有大量的水分，饲喂量过大会影响其他饲料的采食量，因此在肉牛和肉羊生产中牧草的使用量应适当控制。

在3周龄时可以训练采食少量的优质干草，但是用量不能多。肉牛到7周龄后、肉羊到6周龄后方可在饲料中添加青绿饲料，通常在肉牛和肉羊生长前期，牧草的每日饲喂量（以鲜草重量计）可占当日喂饲配合饲料重量的30%～50%，生长中后期可占60%～90%。

（三）牧草用于乳用牛羊

优质牧草对于提高牛奶和羊奶产量和品质都有帮助，青绿饲料或干草的用量可以作为饲料的主要部分。

犊牛在10日龄前后就可以训练采食少量的青干草以促进其消化道的发育。青绿饲料应逐渐增加饲喂量，1月龄内犊牛每天每头的用量为0.2～1.0千克，以后随月龄增加，其用量逐月递增0.3～0.5千克；5～6月龄时每天每头青饲料（包括青贮饲料）用量3～4千克，到17月龄后可以增加到10～15千克，在初产之前基本以青粗饲料为主，少量补饲精饲料。

对于产奶期间的奶牛来说，精饲料的用量以产奶量而定，一般每产 1 千克奶需要喂饲精饲料 200～300 克，其余用青绿饲料和粗饲料来满足。

对于奶羊来说，后备羊培育期间可以以青绿饲料和粗饲料为主，适量补饲精饲料，刺激其消化器官发育，这样喂出的羊腹大而深、采食量大、消化能力强，以后的产奶量高。泌乳期间的奶羊每产 1 千克奶的精饲料用量为 250～350 克，其余也需要用青绿饲料和粗饲料来满足。精饲料的补加量应视青绿饲料的质量和乳脂率的高低来调整。

（四）牧草用于成年种牛羊种

公牛、公羊在培育和繁殖利用期间青绿饲料的喂饲量不宜过大，以免造成消化道容积增大，形成"草腹"，影响其配种和精液排出，成年公牛、公羊青绿饲料的喂饲量可占体重的 10% 左右。

三、牧草在兔饲养中的使用

（一）兔对青绿饲料的消化特点

兔是非反刍草食性动物，消化道容积较大，尤其是盲肠和结肠非常发达，具有与反刍动物瘤胃相似的消化作用，成年兔对饲料中粗纤维的消化率可达 60%～75%，因此能够有效地利用青绿饲料。

（二）牧草的使用

在我国大部分地方养兔都是以青绿饲料（冬季用干草）为主，适当补充精饲料的喂饲方案。根据兔体重的大小，精饲料的用量一般为 50～150 克 /（只·日），青绿饲料用量每天每只在 12 周龄以前为 0.1～0.25 千克、哺乳兔为 1.0～1.5 千克、其他兔为 0.5～1.0 千克。

夏季在以青绿饲料为主、精饲料为辅的情况下，饲喂顺序为干草（定量）→精料（定量）→青绿饲料（自由采食）；冬春季在以干草为主、精料和多汁饲料为辅的情况下，饲喂顺序为干草（定量的一半）→精料（定量）→多汁饲料（如萝卜、红薯、瓜类等，定量）→干草（充足采食）。

四、牧草在猪饲养中的使用

商品肥育猪由于生长速度快，需要营养物质多，不适宜喂饲较多的青绿饲料，一般都是全喂饲混合饲料，如果使用青绿饲料应注意不能超过精饲料用量的10%。喂猪的青饲料尽量使用阔叶的，少用茎多叶少的牧草。

后备种猪和种公猪饲养中青绿饲料的用量可以占其体重的3%~5%。仔猪喂饲青绿饲料一般在断奶之后开始。空怀期、怀孕中期及哺乳期的母猪每天每头可以喂饲2~4千克的青绿饲料或2~3千克的多汁饲料。

五、牧草在鸵鸟饲养中的使用

鸵鸟属于大型草食性禽类，具有发达的肠胃、肠道，尤其是盲肠和大肠比其他家禽发达得多，与反刍动物瘤胃的作用相似，其中的微生物可以有效地分解饲料中的纤维素，产生挥发性脂肪酸，被机体吸收利用。据有关资料报道，喂饲含中性洗涤纤维33.3%的混合饲料，鸵鸟对中性洗涤纤维的消化率在6周龄时为27.9%，10周龄时达51.2%，17周龄达58.0%，30月龄为61.6%。尽管鸵鸟能够较多地消化粗纤维，但是对已经木质化的老化牧草的茎消化率很低，而且还有可能造成前胃阻塞。

牧草的喂饲量应根据鸵鸟月龄的大小而定。一般每天喂饲青绿饲料3~4次，对于3月龄以后的鸵鸟可以先喂青绿饲料，再喂混合饲料，也可以切碎后掺和喂饲。干草需要经过切碎后再喂饲，以免草茎在消化道内相互缠绕。

六、牧草在家禽饲养中的使用

（1）在鹅饲养中的使用。鹅是草食性家禽，能较好地利用含粗纤维较高的饲料。这是因为鹅的消化道较长（约为体躯长度的11倍），盲肠比较发达，肌胃的研磨能力强（胃内压力比鸡的高1倍）。据测定，鹅可以消化青燕麦草中78.6%的粗纤维、红三叶草中37%的粗纤维。

在肉用子鹅的饲养中，可以从3日龄开始添加青绿饲料，初始时期的用量可以占体重的10%左右，1周后逐渐加大用量，可以占体重的25%~50%。一般是在当天早上和傍晚补饲混合饲料，上午至下午可以以青绿饲料为主。

对繁殖期的种鹅，每天配合饲料的用量约占体重的 5%，其余都需要用青绿饲料来满足。据报道，每天保证 1 只种鹅摄入不少于 100 克的青绿饲料，对于提高其繁殖能力具有良好的效果。

在非繁殖季节，鹅的生殖器官萎缩，基本停止产蛋，此时期内摄入的营养主要是用于维持和更换羽毛所需。混合饲料的用量可以减少至每天每只 50～100 克，其余的全靠青绿饲料或其他粗饲料来满足。如果青绿饲料充足而且质量较好，则可以不饲喂配合饲料。

（2）在鸭饲养中的使用。在蛋鸭生产中，一般可以在育雏阶段和产蛋阶段少量使用青绿饲料，在青年鸭阶段可以较多使用。因为雏鸭生长快、消化能力差、营养需要量较大，产蛋鸭由于高产对营养的需要也多，使用青绿饲料过多会使营养的总摄入量减少，所以对于雏鸭和产蛋鸭来说，青绿饲料只能辅助使用，可以在喂饲混合饲料之后将青绿饲料撒放在运动场，让它们自由采食。一般情况下青绿饲料用量可占混合饲料用量（均以重量计）的 20% 左右。青年鸭阶段可以较多喂饲青绿饲料，用量可以与混合饲料等量，也可以根据鸭的体重发育情况决定青绿饲料用量。

在肉鸭生产中，商品肉鸭一般不喂饲青绿饲料，以免影响鸭的增重。在种鸭饲养过程中可以按照蛋鸭的方法使用青绿饲料。

（3）在鸡饲养中的使用。由于蛋鸡采用笼养方式，喂饲青绿饲料非常不方便，因此使用很少。但是在采用地面散养的情况下可以考虑喂饲青绿饲料（包括所有阶段）。尤其是在当前国内鸡蛋总产量已经超过实际需求量的情况下，为了提高鸡蛋的品质，在不少地方都采用果园内或林地间放养蛋鸡的生产方式，而且这种生产方式有扩大的趋势。在这种生产方式下，青绿饲料的喂饲量可以占混合饲料用量的 15%～30%（依据不同的生理阶段而定）。

在肉鸡生产中，通常白羽快大型肉鸡不宜喂饲育绿饲料，否则会降低其生长速度。但是，在优质肉鸡生产的中后期可以喂饲一定量的青绿饲料，用量可以占混合饲料用量的 10%～20%，而且这对改善鸡肉的品质具有良好效果。在肉种鸡生产中可以使用青绿饲料，它不仅可以降低饲养成本，还可以减少一些生产中的麻烦如脱肛等。青绿饲料的喂饲量可以占种鸡混合饲养用量 15%～30%（依据不同的生理阶段而定）。

七、畜禽喂饲牧草时注意的问题

（1）防止中毒。喂饲青绿饲料造成畜禽中毒的原因主要有以下几方面：

①饲料中含有有毒物质，例如高粱苗、玉米苗、苏丹草等青绿饲料中含有氰苷，在动物胃内氰苷被酶分解会释放出具有强毒性的氢氰酸，氢氰酸被吸收进入血液后可造成中毒。经过晒干和青贮可以显著降低其毒性。白菜及其他一些青菜如果长时间堆积或经蒸煮，其中的硝酸盐会被还原为亚硝酸盐，后者能够使血液中的氧基血红蛋白变化为变性血红蛋白，导致畜禽窒息死亡。因此，生产中不可喂饲腐烂的青菜、经蒸煮后存放时间较长的青饲料。

豆科牧草中含有产气物质，长时间或大量单一喂饲豆科牧草容易造成动物发生臌胀病。荞麦、苜蓿中含有光过敏物质，动物采食这些牧草后若经太阳照射，皮肤上会出现红斑。

②农药中毒。青绿饲料有一部分采自田间地头或果园中，农田或果园喷洒农药时其附近的青草和青菜也会不同程度地沾染农药，用于喂饲畜禽则有可能造成中毒。

（2）多种青饲料混合使用。任何一种青绿饲料所含的营养都不可能满足畜禽生产的营养需要，多种搭配使用则可以起到营养互补的作用，提高饲养效果。另外，有些青绿饲料中还含有一些抗营养因子，喂饲过多会引起一些问题，如鲁梅克斯中所含的生物碱会造成畜禽拉稀，菠菜中所含的草酸会影响畜禽体内钙的吸收，过量使用会出现钙缺乏症。

（3）防止寄生虫病。无论是人工种植的牧草或野生杂草，在生长过程中都有可能附有寄生虫或虫卵。喂饲前若不进行处理则畜禽采食后会感染寄生虫病，影响其生产和健康。

（4）清除杂物。反刍动物（如牛、羊等）采食速度快，混入饲料中的一些有害杂物如铁丝、铁钉、碎玻璃等容易被它们随饲料一起咽入消化道，造成不应有的损失。

（5）喂饲时不要带水。无论是刚收割的牧草或是用水清洗过的牧草，应该等晾干后再喂饲，以免引起畜禽拉稀（尤其是兔）。

（6）切短处理。为了提高青绿饲料的消化率，喂饲前应切成长 5 厘米左右的小段，尤其是用于喂饲家禽和牛、羊时更应如此。

八、牧草在水产养殖中的利用

某些鱼类是草食性的，如草鱼等，在其养殖过程中可以使用较多的青草，常用的青绿饲料如苜蓿、黑麦草、聚合草、水花生等。在鱼体长达到10厘米左右后就可以将这些青草刈割，直接撒入鱼池。需要注意的是这些青草必须在茎木质化之前使用。

第二节　苜蓿的应用

苜蓿作为一种优良的牧草，除了含有较高的蛋白质外，还含有多种维生素，更为重要的是含有未知促生长因子（UGF），无论是饲喂草食家畜，还是以精料为主的猪、禽等，对其生长、繁殖、泌乳、产毛、产肉、产蛋及维持健康等方面均有良好的效果。

一、苜蓿在奶牛饲养中的应用

苜蓿是奶牛优质的粗饲料，它可以替代部分精料，改善奶牛体况，提高产奶量，改善牛奶品质，明显提高乳脂率，增加牛乳中维生素含量，尤其是脂溶性维生素的含量。奶牛日粮粗蛋白的60%可由苜蓿提供，奶牛混合精料的40%～50%可用苜蓿草粉代替。生产中最好苜蓿与玉米配合使用，苜蓿提供蛋白质和一定量的粗纤维，玉米提供能量，实现营养上的互补，以满足奶牛高泌乳量的需要。

苜蓿含有丰富的维生素，其中维生素E在家畜的繁殖中具有重要的作用，缺乏时会导致母畜不孕、胎儿流产和死胎等，对公畜则造成睾丸组织损伤甚至退化、精子畸形等。对奶牛这类同时受孕和大量产奶的大型家畜，长期饲喂苜蓿，对于维持正常的繁殖机能，保证多年连产、稳产、高产，缓解妊娠和产奶的双重压力，提高经济效益等具有十分重要的意义。

对于泌乳量很高的奶牛，饲喂苜蓿还有更深层次的意义。在日泌乳量达到40千克后，采食量的增加已满足不了泌乳的需要，奶牛需要分解体内养分以满足高泌乳的需要，最终导致牛体严重消耗，甚至引发酮血症、后肢瘫痪等症状，给生产带来不可估量的损失。饲喂营养含量高、粗纤维含量偏低、适口性好的苜蓿，既能提供高营养满足泌乳，又可提供维持瘤胃正常机能所必需的粗纤维。同时，苜蓿含钙高，饲喂苜蓿对预防母牛产后的产褥热、后肢瘫痪等症状具有显著效果。一般认为，我国北方奶牛产奶量在 7 吨以上时，即为中高产奶牛，它们是苜蓿的消费者。8 吨以上的奶牛是苜蓿忠实的消费者，一旦停止使用苜蓿就会出现奶产量下降，而且难以保证牛奶的各项营养指标均能达到一级以上的国家标准。

苜蓿干草在高产奶牛中的适宜添加量必须根据奶牛各阶段的营养需要通过日粮配方技术确定。高产奶牛日粮的精粗比控制在 60 ∶ 40 左右较为合适。从美国、加拿大等奶业发达国家的经验来看，苜蓿干草占日粮干物质的比例一般为 40%～50%，产奶量可保持在 9000 千克以上，与上述计算基本上是吻合的。

二、苜蓿在肉牛饲养中的应用

苜蓿用于饲喂肉牛，具有增重快、肉质好、效益高等特点。试验表明，苜蓿对肉牛具有与豆饼等同的增重效果。在营养水平和干物质供给量相同的情况下，用占干物质总量 25% 和 50% 苜蓿干草部分代替精料中的豆粕和玉米等，取得了几乎相同的增重效果，日增重均可达到 1.6 千克左右，且改善肉质的效果显著。可见，只要市场价格允许，苜蓿在肉牛饲料中可以很大程度地取代豆粕，具有巨大的应用潜力。但苜蓿产品在肉牛日粮中应用时要慎重，因为当比例过大时，会导致牛肉颜色变黄，从而影响肉产品的外观效果和市场销售。所以结合苜蓿价格及饲喂效果，苜蓿产品在肉牛日粮中比例应有所限制，一般不宜太高。

三、苜蓿在鹅饲养中的应用

鹅是最能利用青绿饲料的家禽，也是家禽中最能利用含粗纤维较高的粗饲料的禽种，比其他家禽消化粗纤维的能力高 45%～50%，无论是舍饲、圈养还是放牧，其生产成本较低，是典型的节粮型家禽。

在饲喂鹅时可直接利用天然草场进行放牧，再补充少量精料即可，也可以将苜蓿草粉与精料按一定比例混合，作为精料补充料利用，但同时应注意日粮中的粗纤维水平要有所限制，尤其是在配制鸭饲料时更应充分考虑。饲料配方可参照鸡的配方拟定。

四、苜蓿在养兔中的应用

苜蓿是兔的优质饲料，试验表明，利用二茬苜蓿鲜草饲喂2月龄肉兔，蛋白质利用率高，平均日采食量413.6克，平均日增重14.6千克，每增重1千克消耗苜蓿干草8.5千克。

苜蓿颗粒料饲喂肉兔，增重效果更为显著。如将初花期苜蓿草粉和配合基础日粮各以50%的比例配合压制成颗粒饲料，饲喂3～5月龄肉兔，每只日采食量88.6克，平均日增重18.8克，比喂同样的粉料每日多增重6.6克，每增重1千克仅需颗粒料4.76千克，比喂粉料节省6.59千克。利用苜蓿颗粒料饲养肉兔，具有饲料损失少、兔增重快、饲料报酬高、经济效益高等特点，在养兔业中具有较大的推广价值。

柔嫩苜蓿鲜草的营养价值和消化利用率均非常高，用于饲喂肉兔效果很好，肉兔精神活泼，食欲旺盛，粪球湿润、粗大，被毛光亮，生长发育良好，无任何异常表现。对60日龄左右的肉兔，平均增重和日增重比不喂苜蓿鲜草的肉兔可分别提高17.39%和17.4%，每千克增重节约饲料5.08千克，提高饲料报酬26.32%，差异极为显著。这表明苜蓿鲜草对肉兔具有显著的促生长作用，是饲喂肉兔的优质牧草，使用后可获得显著的经济效益。根据多项试验指标比较，苜蓿草粉在生长肉兔日粮中的最佳比例为30%左右。

五、苜蓿在荷包猪饲养中的应用

荷包猪是自然进化形成的原始优良地方品种，属肉脂兼用型地方品种，具有遗传性能稳定、繁殖力强、抗逆性强、耐粗饲、肉质好的优良特性。耐寒和耐粗饲是进口猪种无法比拟的，在辽宁地区冬季可以在室外饲养，夏秋季节可以放牧，节约大量饲料而不影响其生长发育。

母猪饲喂适量鲜苜蓿草，可以提高母猪的繁殖性能和生产性能。每天每头饲喂鲜苜蓿草2.5～5千克，替代全价饲料40%左右，节约粮食10%。苜蓿草是粗饲料中的蛋白饲料，蛋白质含量较高，品质较好，其营养价值接近纯蛋白，而且含有一定的粗纤维，有利于调节母猪的采食量，促进胃肠蠕动，同时，丰富的维生素和微量元素提高母猪的繁殖性能。饲喂后，断奶母猪膘情恢复较快，空怀母猪发情率提高。妊娠母猪增重快，胎儿发育良好，分娩后仔猪体质健壮，抗病力强，平均每窝产活仔数提高 0.2～0.6 头。母猪奶水充足，哺乳期仔猪增重快、成活率高，平均每窝提高 5% 左右。

育肥猪主要利用苜蓿草粉，在全价饲料中添加 10% 的苜蓿草粉，有利于育肥猪的生长，提高营养物质的消化率、日增重、饲料转化率和经济效益。同时，适量添加苜蓿草粉饲喂仔猪可以减缓仔猪腹泻。

饲喂苜蓿草粉的育肥猪的血液成分及肉质也有一定改变，降低了血液甘油三酯、胆固醇及低密度脂蛋白胆固醇含量，升高了高密度脂蛋白胆固醇含量。

六、苜蓿在鸡饲养中的应用

适量添加于鸡的饲粮中，在粗纤维不超过 5% 的情况下，如在产蛋鸡日粮中添加 7.5% 的优质苜蓿草粉代替 3% 的豆饼，饲养效果良好。不仅能够提高产蛋量，还可以改善蛋壳、蛋黄的颜色，起到提高鸡蛋品质的作用。在肉鸡日粮中添加适量的苜蓿产品，由于叶黄素的作用，可显著改善肉鸡喙、爪及皮肤的颜色，使之呈鲜黄色，且肉质鲜美，提高商品价值。另外，苜蓿草粉中的粗纤维还具有与树皮相当的营养作用，在雏鸡日粮中少量添加，可以促生长，明显提高雏鸡增重。

在鸡饲粮中使用苜蓿草粉时，一定要限制日粮中粗纤维的含量。研究表明，当鸡日粮中的粗纤维含量超过 5% 时，会影响蛋白质、能量等营养物质的吸收和利用，在配制鸡的日粮时，苜蓿草粉的用量一般限制在 2.5%～5% 以内。

七、苜蓿在羊饲养中的应用

绵羊的饲草转化率高。研究表明，用含有 75% 的优质苜蓿和 25% 谷物组成的日粮喂牛，每增重 1 千克需要 9 千克饲料，而喂羊，仅需 6～7 千克饲料。

试验表明，用盛花期的苜蓿草粉 67.5% 和燕麦干草粉 9.5%、亚麻饼 6.0%、玉米 4.0%、试验 0.5% 等组成的基础日粮饲喂绵羊，日采食量 1.41 千克，平均日增重可达 146 克，每千克增重仅消耗混合料 10.63 千克，其中苜蓿草粉 7.18 千克。苜蓿草粉用于饲喂绵羊具有显著的增重效果，且对提高肉质如屠宰率、净肉率、眼肌面积、失水率等具有一定的促进作用。此外，对羊应用尿素作为补充氮源时，配合苜蓿饲喂，其蛋白质与大豆粉相当，尿素与苜蓿粉的作用相互协同，饲养效果显著提高。苜蓿－尿素蛋白质补充料（其中苜蓿草粉的含量为 50%～80%）育肥肉羊可显著降低成本，且不影响增重效果。但因为目前苜蓿的价格偏高，大量使用时会增加饲料成本，所以，在生产中应视市场行情灵活应用。

第三节 黑麦草的应用

一、放牧

黑麦草生长快、分蘖多、能耐牧，是优质的放牧用牧草，也是禾本科牧草中可消化物质产量最高的牧草之一。常以单播或与多种牧草作物如紫云英、白三叶、红三叶、苕子等混播，牛、羊、马尤喜欢其混播草地，不仅增膘长肉快、产奶多，还能节省精料。牛、马、羊一般在播后2个月即可放牧一次，以后每隔1个月可放牧一次。放牧时应分区进行，严防重牧。每次放牧的采食量，以控制在鲜草总量的60%～70%为宜。每次放牧后要追肥和灌水一次。

二、青刈舍饲

（1）青饲黑麦草营养价值高，富含蛋白质、矿物质和维生素，其中干草粗蛋白含量高达25%以上，且叶多质嫩、适口性好，可直接喂养牛、羊、马、兔、猪、鹅、鱼等。牛、马、羊饲用尤以孕穗期至抽穗期刈割为佳，可采取直接投喂或切段饲喂；用以饲喂猪、兔、家禽和鱼，则在拔节至孕穗期间刈割为佳，以切碎或打浆拌料喂给。青刈舍饲应现刈现喂，不要刈割太多，以免浪费。

（2）调制干草和干草粉黑麦草属于细茎草类，干燥失水快，可调制成优良的绿色干草和干草粉。一般可在开花期选择连续3天以上的晴天刈割，割下就地摊成薄层晾晒，晒至含水量在14%以下时堆成垛。也可制成草粉、草块、草饼等，供冬春喂饲，或做商品饲料，或与精料混配利用。

（3）黑麦草青贮可解决供求上出现的季节不平衡和地域不平衡问题，同时也可解决盛产期雨季不宜调制干草的困难，并获得较青刈玉米品质更为优良的青贮料。青贮在抽穗至开花期刈割，应边割边贮。如果黑麦草含水量超过75%，则应添加草粉等干物，或晾晒一天消除部分水分后再贮。发酵良好的青贮黑麦草，具有浓厚的醇甜水果香味，是最佳的冬季饲料。

第四节 其他牧草的科学利用

一、串叶松香草

用串叶松香草喂猪会引起猪肝脏局部轻微的脂肪变性，肝、肾和心肌呈现浑浊肿胀。据测定，串叶松香草含有三菇类化合物，这类毒素主要损害猪的肝脏和肾脏，长期饲喂会造成积累性中毒。因此，应将饲喂量控制在日粮的5%～10%，最好同其他青饲料搭配使用。

二、饲料甜菜

饲料甜菜如在潮湿闷热的环境下大量堆积且堆积时间过久，其内部含有的硝酸盐便会转化为亚硝酸盐，家畜大量食后会流涎、呕吐、口吐白沫，走路摇摆、肌肉震颤、黏膜发绀，继而心跳急促、呼吸困难，抽搐、窒息而死。因此饲喂饲料甜菜应随割随喂，若需存放应将之摊开，保持通风，严防腐烂。

三、聚合草

聚合草含有吡咯双烷类生物碱，这是一种危害肝脏的有毒物质，如果作为饲料饲喂过多，会在家畜体内产生积累性中毒，并最终危及肝脏。聚合草的饲喂量应控制在日粮的20%～25%，且最好同其他牧草搭配和交叉饲喂。

四、苏丹草

苏丹草为高粱属植物，茎叶中含有氢氟酸，其毒性较强，可致家畜死亡。家畜发病后应立即用亚硝酸钠1克、硫代硫酸钠2.5克、注射用水50毫升，混匀后静脉注射。另外，玉米苗、高粱苗、南瓜秧等也含有较多的氢氟，家畜采食后，氢氟也会转化为氢氟酸。因此，使用这类作物作饲料时，最好能将之调成青贮饲料，或收割后进行晾晒，降低其中的毒素含量，减弱其毒性，以免引起家畜中毒。

五、苇状羊茅

苇状羊茅是比较适宜喂牛、羊的禾本科牧草，但它含有吡咯碱。如在春末和夏初单用苇状羊茅喂牛，牛会出现皮毛干燥、腹泻、体重下降等中毒现象。若用之长期喂羊，羊的增重效果也不理想，应配合其他牧草一起饲喂家畜。

参考文献

[1] 白璐 . 试论牧草种植与饲草饲料加工技术 [J]. 畜禽业，2022，33（09）：30-32.

[2] 赵鑫 . 牧草种植与饲草饲料加工技术研究 [J]. 畜牧兽医科技信息，2022（01）：150-152.

[3] 司莉青 . 黑麦草与两种豆科牧草不同种植模式下元素计量特征研究 [D]. 北京：北京林业大学，2021.

[4] 江舟 . 淮河生态经济带人工草地生态系统服务价值评估 [D]. 扬州：扬州大学，2021.

[5] 危庆 . 不同牧草种植模式对退化农田土壤理化性状和牧草产量的影响 [D]. 呼和浩特：内蒙古大学，2019.

[6] 韩显忠 . 牧草种植与饲草饲料加工技术探讨 [J]. 农家参谋，2021（20）：149-150.

[7] 再依拉古丽·木合塔尔别克 . 牧草种植与饲草饲料加工技术 [J]. 畜牧兽医科学（电子版），2021（24）：80-81.

[8] 闫学慧 . 牧草种植与饲草饲料加工技术 [J]. 畜牧兽医科学（电子版），2021（18）：82-83.

[9] 罗雪云 . 草原牧草种植与饲草饲料加工技术 [J]. 农家参谋，2021（17）：141-142.

[10] 刘锦玲 . 强化牧草种植与草原管理带动养殖业发展 [J]. 中国畜禽种业，2021，17（07）：24-25.

[11] 刘刚 . 黄泛平原风沙区引种牧草的适应性及其生态经济效益评价 [D]. 泰安：山东农业大学，2008.

[12] 张健 . 三峡库区牧草种植区划及适生牧草栽培利用技术研究 [D]. 重庆：西南大学，2007.

[13] 姜宇，米刚，周鑫，等 . 牧草种植与饲草饲料加工技术应用 [J]. 畜牧兽医科学（电子版），2021（20）：82-83.

[14] 加山·巴依木拉提，王鹏晓，巴哈提古丽·孔斯别克 . 草原牧草种植与饲草饲料加工技术 [J]. 畜牧兽医科学（电子版），2021（02）：140-141.

[15] 林扎西尖措 . 牧草种植与饲草饲料加工技术 [J]. 畜牧兽医科学（电子版），2021（04）：98-99.

[16] 杨正欢 . 牧草种植与饲草饲料加工技术探讨 [J]. 今日畜牧兽医，2020，36（02）：69.

[17] 何仲庆 . 浅析牧草种植与管理技术措施 [J]. 广东蚕业，2020，54（07）：50-51.

[18] 常根柱，时永杰 . 优质牧草高产栽培及加工利用技术 [M]. 北京：中国农业科技出版社，2001.

[19] 王贤，赵廷宁，丁国栋，等 . 牧草栽培学 [M]. 北京：中国环境科学出版社，2006.

[20] 韩冰，杜建材，赵鸿彬 . 牧草科学种植及其加工利用研究 [M]. 长春：吉林大学出版社，2016.

[21] 西北农业大学干旱半干旱研究中心 . 旱地牧草栽培技术 [M]. 北京：农业出版社，1992.

[22] 白元生 . 牧草及饲料作物高产栽培利用 [M]. 北京：中国农业出版社，2001.

[23] 王明根 . 优质牧草高效栽培 [M]. 合肥：安徽科学技术出版社，2003.

[24] 魏巧花 . 牧草的种植管理与利用 [J]. 河南农业，2020（31）：47.

[25] 高钦君 . 优质牧草紫苜蓿的特点与种植 [J]. 现代畜牧科技，2016（12）：58.

[26] 裴生权 . 牧草的种植管理与利用技术 [J]. 种子科技，2019，37（06）：51.

[27] 李娟 . 草场的改良与牧草种植技术 [J]. 养殖与饲料，2016（10）：47-48.

[28] 于学成 . 牧草种植与贮藏浅析 [J]. 农民致富之友,2012（24）:143-144.

[29] 周映雪 . 牧草病害虫的种类及防治措施 [J]. 当代畜禽养殖业，2013（09）：39-40.

[30] 赵志，王永胜，喻苓苓 . 牧草的选种方法 [J]. 养殖技术顾问，2011（02）：40.